僕たちは、なぜ腕時計に数千万円を注《つ》ぎ込むのか？

成功者にしか知りえない、超高級時計の世界

川上康介

幻冬舎

RICHARD MILLE

Preface

まえがき

2014年末、リシャール・ミル氏本人とリシャールミルジャパンの川﨑圭太社長へのインタビューをベースに書いた『RICHARD MILLE プロフェッショナル・コンセプター 1億4000万円の腕時計を作るという必然』を出版したところ、多くの反響をいただいた。

「こんな時計があるなんて知らなかった」

「リシャール・ミルが高価な理由が理解できた」

いろいろな声があったなかで、圧倒的に多かったのが、

「こんなに高価な時計をいったいどんな人が買っているのか？」

という質問だった。

これは、私もずっと抱えていた疑問だった。恐らく、ただの時計好きではないだろう。単なる金持ちでもないだろう。個性を求める人なんだろう……。

そして2015年、前著の縁もあって、私は多くのリシャール・ミルオーナーに会うことができた。有名な方もいれば、そうでない方もいた。30代、40代、もっと上の年代の方々にもお会いした。共通していたのは、（当たり前のことかもしれないが）リシャール・ミルオーナーは、誰もが自分の世界でトップをとるほどの成功者だったということ。そして、王道を歩むのに飽き足らず、自らの道を自らの手で切り拓く人たちだということだ。

彼らは、リシャール・ミルの時計に負けず劣らず〝エクストリーム〟な人生を送っている人たちである。彼らに会ううちに、私は彼らのことを1冊にまとめたいと思うようになった。究極のエクストリームウォッチを作る人の話は書いた。売る人の話も書いた。次は、「買う人」だろうと。リシャール・ミルというブランドが2001年のデビュー以来、驚異的なスピードで成長を遂げたのは、その時計の価値を理解する人々がそこにいたからに他ならない。どんなに高価であろうと、究極を求める。そんな彼らがいたからこそ、今のリシャール・ミルがあるのだ。

リシャールミルジャパンの川崎圭太社長が語る。

「リシャール・ミルのオーナーは、日本に1000人もいません。しかしながら、そのほとんどのお客様が流行を追い求める方ではなく、商品のよさとブランドの本質を理解してくださっている方々なのです。だからこそ私たちは、このブランドの価値をしっかりと守っていかなければならないと考えています。2012年にリシャール・ミルの〝ネオヴィンテージ〟を扱う『NX ONE』を開いたのも、自社製品をきちんと管理、メンテナンスして価値のわかる方に持っていただきたいと考えたからです。リシャール・ミルの価値を守るのは、ブランドを愛してくださっているオーナーに対する私たちの責任。それは、新しいオーナーを増やすよりも重要なことだと考えています」

本書に登場するオーナーは、年齢も職業も住んでいる場所もさまざまだ。ほとんどの方が最初は「自慢をするようなことはしたくない」と取材を受けることに消極的だったが、本の趣旨を丁寧に説明し、匿名を条件に話を聞かせていただくことができた。彼らの話は、私が想像していた以上に興味深く、そして個性的だった。リシャール・ミルの数だけ、個性的な人生があると言ってもいいだろう。
この場を借りて、取材に協力していただいた皆さん、そして間に入っていただいたリシャールミルジャパンと各地の販売店の方々に改めて御礼を申し上げたい。究極の時計を持つ、究極の人々。彼らの人生に触れ、前向きに刺激を受ける方がいれば嬉しく思う。

ジャーナリスト　川上康介

Contents

装丁＝松山裕一（UDM）
写真＝Alan Lee uber-london（帯）
協力＝リシャールミルジャパン
制作サポート＝ブルズアイコミュニケーションズ
編集＝二本柳陵介／森田智彦／福岡 健（幻冬舎）

RICHARD MILLE's Owner_1

Shinjiro Isoda

磯田真二郎氏

若きリシャール·ミルのオーナーは、「この腕時計が自分を成長させてくれた」と言い切る。

リシャール·ミルを身に着けることで彼の中にどんな変化があったというのだろうか……。

リシャール・ミルを買ってから失敗を恐れなくなりました。

リシャール・ミルが成功者の時計であることは言うまでもないだろう。販売価格の平均が軽く1000万円を超える金額から言っても、成功した人間だけがつけられる時計であることは間違いない。だが、リシャール・ミルをつけることによって、その成功者が時計以外の何かを得ることもあるように思う。

例えば、自信。33歳という若いリシャール・ミルのオーナー、関東の礒田真二郎さん（仮名）に会って、そんなことを思った。彼から感じられたのは、その年齢には不似合いなほどの貫禄。ちなみに現在はサービス関連の企業の社長を務め、年収は約1億円だという。成功し、自らの価値観に自信を持っていなければ、リシャール・ミルは買わないだろう。だがリシャール・ミルをつけることで湧いてくる自信もあるように思う。

RICHARD MILLE's
Owner_1
Shinjiro
Isoda

リシャール・ミルを買う前は、ロレックスを何本も買っていた（右）。オーデマ ピゲのロイヤル オーク（左）も購入したが「もう少し大人にならないと似合わない」と思い、なかなかつけられなかったという。

「リシャール・ミルをつけるようになってから、決断が早くなりました。社長業は、決断するのが仕事みたいなものですが、以前は失敗を恐れるあまり、なかなか踏ん切りがつかないこともありました。でも思い切ってリシャール・ミルを買ってからは、失敗を恐れなくなりました。実は、僕が恐れていた失敗なんて、せいぜい捻挫《ねんざ》みたいなもの。それくらいならいくらでもリカバリーできるし、そうやって捻挫したことが、あとから見るといい経験になっていたりする。そんなふうに考えられるようになってから、会社の業績もどんどんよくなりました」

礒田さんが時計に興味を持ったのは、17歳の時。当時流行っていたロレックスのサブマリーナーを手に入れたのがきっかけでした。

「中古で40万円くらいでしたね。ローンを組んで、アルバイトで稼いだ金で返済していました。無理をして買いましたが、満足度は高かったです。男のステータスを感じました。まだクルマを買うことはできなかったので、時計が人生のモチベーションになっていました。サブマリーナーを売って、デイトジャストを買って、それを売って、デイトナを買って。買い替えるたびに人生の階段をのぼっているような感覚になっていました。そのあとは、ウブロのアエロバンとビッグバン ウニコを買いまし

最初に購入した「RM 011 フェリペ・マッサ」。まったく買う気はなく「単なる好奇心」で訪れた銀座のブティックで「試しにつけてみて」一気にその魅力にハマってしまったという。

た」

　時計も好きだが、クルマも好きだという礒田さん。クルマもやはりひとつずつ階段をのぼってきた。

「最初は、スキューバをやるのに便利だったのでトヨタのハイエースを買いました。そのあとはメルセデス・ベンツを買って、今はポルシェのマカンと911ターボに乗っています。クルマは王道が好きですが、時計はちょっと違いますね。パテックフィリップみたいな時計には、あまり興味がないんです。カラトラバとか、オーデマピゲのロイヤル オークとか、カッコいいとは思うんですが、まだちょっと早いかなと(笑)。もっと大人になってからでもいいし、ああいういかにも高級品というのは、ちょっとつけにくい。僕の場合、仕事相手がほとんど年上なので、あまりわかりやすい時計をしているのもよくないと思っています」

　リシャール・ミルを知ったのは、雑誌がきっかけだった。RM027ラファエル・ナダルが取り上げられているのを見たが、自分が買う対象とは思えなかったという。

「どんな時計だろうというのは気になりましたが、さすがに価格を見たら自分の選択肢だとは思えませんでした。この金があったらランボルギーニ買えるなって(笑)」

それでもリシャール・ミルというブランドは、礒田さんの脳裏にしっかりと刻みこまれていた。「まったく買う気はなかった」が、2014年のある日、「なんとなく」銀座のブティックを訪ねたという。

「本当に買う気はなかったんですよ(笑)。でもRM 011を試しにつけたら、ひっくり返るほど驚いたんです。それまでトノー型は自分の手首には合わないと思っていたんですが、包みこむような感じで驚くほどにフィットする。つけ心地だけでなく、すべてが雑誌やウェブサイトで見るのとは印象が違いました。実際に見ないとわからなかったんですが、デザインが立体的で機械のひとつひとつの動きが魅力的。あんな時計は、それまで見たことがありませんでした。でも1500万円……。買えないと思って、いったん帰りましたが、その後、ネットとかでいろいろ調べて決断しました」

この時銀座のブティックに人気モデルのRM 011があったのは、幸運としかいいようがない。この数年、リシャール・ミルは世界中どの店でも在庫の取り合いになっているような状況だ。特にF1レーサーのフェリペ・マッサが着用するRM 011やラファエル・ナダルが着用するRM 027などの人気モデルを実際に目に

Tシャツにデニムという若い礒田さんの腕に着けられてもまったく違和感がない。年齢やファッションを問わず着けられるのも、リシャール・ミルの腕時計の特長といえるだろう。

RICHARD MILLE's
Owner_1
Shinjiro Isoda

するチャンスはかなり少ない。

「買いに行ったのは2週間後でした。つけた時点でダメだったんですよ、後戻りができなくなってしまいました。本能で欲しくなったというか、それまでのすべての価値観が壊されたように感じたんです」

礒田さんは、それまで時計はステータスシンボルだと思っていたが、その考え方にも変化が生まれたという。

「リシャール・ミルは、ひけらかすような時計ではありません。実際、つけていてもこれが高価な時計だと思う人はほとんどいません。この間、ある人に『高そうな時計だね』と言われたので、リシャール・ミルを知っているのかなと思ったら、『20万円以上するでしょう』って(笑)。それが気にならないどころか、嬉しく思えるのがリシャール・ミル。自分だけがその価値をわかっていればいい。自分だけが理解できるというのがいいんです」

現在は、RM011に加えて、RM35-01のナダルモデルも所有している。

「時計って重いほうがつけ心地がいいと思っていたんです。そのほうがバランスがいいんだって。でもこの時計をつけるようになってから、時計は軽ければ軽いほどいいと思うようになりました。何しろつけてる感覚がまるでないんです。たまに他の時計をつけると、重くて仕方がない(笑)。時計って飾るものではなく、使うもの。そういう意味でも、リシャール・ミルの時計は完璧なんです。だから今一番欲しいのは、RM 027のファーストモデル。20gのトゥールビヨンなんて、ありえないですよね。中古でもいいから、いつか手に入れたいと思っています」

まだ33歳、礒田さんはこれから何本も手に入れることだろう。それは、彼にとって他人と差をつけるためのアイテム、ステータスシンボルではないかもしれない。だが、大いなるモチベーションとなって、彼の活力の源となっていく。幸運を呼ぶといわれるリシャール・ミルの時計をつけているのだ。その前途は、間違いなく明るい。

2本目として購入した「RM 35-01 ラファエル・ナダル」。新素材NTPT®カーボンを採用するなど、常識を覆すようなアイデアが詰め込まれたブランドを代表するモデルだ。

RICHARD MILLE's Owner_2

Ryujin Fujimura

藤村竜人氏

大きくて太い腕に着けられたリシャール·ミル。波乱万丈の人生を歩いてきた男にとって、
この腕時計が成功の証であることは間違いない。その歩みはまだ止まることはない……。

新しい1本を買うために、何をすればいいかを考える。

彼と初めて会ったのは、福岡で行われたリシャール・ミルのイベント会場だった。大きな人だなというのが第一印象。身長は180センチ以上、体重も100キロ近くあるだろう。藤村竜人さん（35歳・仮名）は、そのリシャール・ミルの顧客のなかでもひときわ若く、それゆえ興味をひかれ、話しかけてみた。今思えば、若いだけでなく、独自の雰囲気を放っていたのも私が気になった理由なのかもしれない。他愛のない会話のなかで、私が一番印象に残ったのは、彼が次に欲しいモデルとして約1億円のRM51-01　タイガー＆ドラゴンの名を挙げたときだった。

私が何気なく「1億円とか言われると、現実感ないですよね」と言うと、彼は毅然とこう答えたのだ。

「確かにむちゃくちゃ高いですけど、僕は無理だと思わないようにしています。欲し

RICHARD MILLE's
Owner_2
Ryujin
Fujimura

藤村さんが憧れる「RM 51-01 タイガー&ドラゴン」。約1億円という超ド級の価格だが、藤村さんは、「無理だとは思わない。いつか手に入れられるように頑張るだけ」と言い切る。

いと思うものがあったら、あれを買うにはこれから自分がいくら稼げばいいか、そのためにはどんなふうに仕事をして、どんなふうに生きていけばいいかを考えるんです。そうすれば、今は無理でもいずれ手に入るものですよ」

こういう人だから、30代でリシャール・ミルを手に入れられるのだ。「顧客に話を聞く」というこの本の企画で彼のことが最初に頭に浮かんだのは、彼にもっと話を聞きたいと考えたからだった。

再会は、最初の出会いから数カ月後。訪ねたのは、福岡市にある真新しいオフィスだった。出迎えてくれたのは、彼と奥様だ。美人でしっかり者といった印象の奥様には、イベントの時も挨拶をしていた。その時もそして取材時も、彼女の前では大きな身体の彼が少し小さくなっているように見えた。

「今の私があるのは、ぜんぶ妻のおかげなんです」

中学生までは野球に夢中で、本気でプロ野球選手を目指していたという藤村さん。キャッチャーとして県の選抜メンバーに選ばれたほどだったというから、かなりの実力があったのだろう。

「中学3年で部活がなくなったら、学校にもまともに行かなくなり、バイクに乗ったり遊んだり。そのうち暴走族に出入りするようになり、高校にも進学しませんでした。何かに反発していたというよりは、単に目立ちたいとか、人と違うことをしたいとか、そういう理由だったと思います。その頃の自分にとっては、その方法が悪さをすることだったんでしょう。暴走族時代は、むちゃくちゃでしたね。喧嘩なら福岡では誰にも負ける気がしなかった。それで名前を売って、いい気になっていたんです。人には言えないようなこともしていましたし、警察のご厄介になったこともあります。ただ、そんな生活が20歳過ぎても続いていて、自分でもこのままではロクな人生にならないなと感じていました」

そんな時に出会ったのが、のちに妻となる佳代さん（仮名）だった。しかし佳代さんは、暴走族とは無縁の〝普通〟の女性。

「この人のためにまじめに生きようと思いました。ちょうどその頃、兄が事業に失敗して自ら命を絶ったこともあり、自分が兄の分まで頑張ろうと思ったんです」

実は佳代さんも藤村さんと出会った瞬間に「自分の人生を託すのは、この人しかいないと直感した」という。だが、当時まともな仕事をしていなかった藤村さんとそのまま交際するわけにはいかなかった。

「私と付き合いたいなら、〝きれいな仕事〟で毎月10万円稼いで持ってこいと言ったんです。それができないなら別れると。私は最初から結婚するつもりでしたが、周りからはさんざん反対されました。でも最初に彼の手を握った時から、この人は絶対に大きくなる人だと思ったので、不安はありませんでした。もしまた道を踏み外しそうになったら、私が止めればいいと、今でも思っています」(佳代さん)

いまの仕事を始めるきっかけも、佳代さんへの思いだったという。当時一文なしだった藤村さんが彼女にクリスマスプレゼントを買うために始めたのが、解体業のアルバイト。そこで藤村さんは生まれて初めて働くことの楽しさを知った。

「暴走族時代は、〝上納金〟みたいなもので月に数百万入ることもありました。それに比べて解体の仕事は、1日クタクタになるまで働いても1万円程度。それでも働いてお金をもらうことが楽しかったですね。プレゼントは、3万円のコート。高級なものではなかったけど、きれいなお金でプレゼントできて本当に嬉しかったです」

解体業の過酷な現場には、なかなか人が集まらない。だが、藤村さんには仲間たちがいる。「ここなら成功できる」と考えた彼は、すぐに人を集めて会社を興した。

「景気のいい時期ではなかったので、難しいという人もいました。でも私は自信が

49.94×42.70mmのケースサイズで存在感抜群の「RM 11-01 NTPT®」。だが、藤村さんの逞しい手首に着けられると、〝普通〟の雰囲気に。リシャール・ミルを知った当初は、「金でもプラチナでもない腕時計に、こんな金額は払えない」と思ったそう。

あったし、成功することしか考えていませんでした」

しかし何の実績も人脈もない会社に注文が来るはずもない。社員はいるが仕事はゼロ。1カ月丸々休みということもあったという。

「本を読むのは大嫌いですけど、建設業界のことや財務、労務関係について一生懸命勉強して、いろいろな人の意見を聞いてまわりました。社員みんなで行列に並んで仕事をもらったこともあります。1年くらいはほとんど仕事らしい仕事はありませんでしたが、みんなで夢を語り合うのが楽しかった。数年後には、福岡で一番になると思っていました。成功すると信じていたから不安はなかったですね。ただ毎月10万円は妻にわたさなければならないので、それだけは必死で稼ぎました」

会社を立ち上げた翌年に結婚。藤村さんの実家の団地で一緒に暮らし、クルマは軽自動車。酒を飲む金も服を買う金もなかったという。佳代さんがすごいのは、この結婚を機にそれまでの仕事を辞めたことだ。

「私が仕事をして稼いでいたら、そこに甘えるんじゃないかと思ったんです。自分しか稼ぎ手がいなければ、どげんかするしかない。彼のそんな気持ちに賭けていました」

1年を過ぎた頃から、ぼちぼち仕事も入り始めた。だが彼はいっさい贅沢せず稼いだ金はすべて会社に投資した。

「500万円くらいかけて4トントラックを買ったんですが、その後2年くらい、そのトラックを使うような大きな仕事は入りませんでした(笑)。でもそんなふうにカタチから入るくらいでいいと思っています。金は使わないとまわらないし、入ってこない。今でも金が入ったらすぐに会社に投資するか、モノに換えるかしています」

2年目以降、会社は順調に成長を遂げた。さらに藤村さんの会社をジャンプアップに導いたのは、華やかに塗装した建設機械を使い始めたことだった。

「人と違うことをしたくて、ユンボをピンクと青に塗ったんです。業界内では最初は馬鹿にされましたけど、とにかく目立つし、子供たちにも人気が出たんです。普通、保育園や幼稚園の近くで解体の仕事をしていると嫌がられるものなんですけど、うちの場合、逆にみんなが見にくる。子供たちを乗せてあげたりすると、お母さん方も喜んでくれる。そして働いている人間もやる気がでる。いいことばかりでした」

常識にとらわれず、人と違うことをすることを恐れない。それが藤村さんの仕事哲学だ。その精神は、リシャール・ミルに通じるところがある。

会社の成長にあわせるように買い求め続けたというロレックスのデイトナ(右)。ロレックス以外にロジェ・デュブイなど、さまざまなブランドが揃う藤村さんの時計コレクション(左)だが、最近はリシャール・ミルの時計以外は、ほとんど着けなくなったと語る。

「例えば18歳の人間でも見込みがあると思ったら現場を任せてみる。赤字になるとわかっていても、相手が信用できる人間だったら引き受ける。僕の場合、損得ではなく情で仕事をすることが多いですね。福岡以外でも成功したのは、うちの人間が情で仕事をする九州男児だからだと思っています。相手のためになることならば頑張るし、仕事に対するプライドも高い。だから仕事も的確で早い。相手にしてみれば半分の工期で終わるし、こちらもその分また別の仕事を入れられる。もちろん社員には頑張った分の給料は払います。うちは福岡の同業の中でも一番給料が高いと思いますよ」

藤村さんが時計に興味を持ち始めたのは、会社が3年目に入った頃。業績が順調だったこともあり、佳代さんにハリー・ウィンストンの腕時計をプレゼント。そのお返しのバースデープレゼントにもらったのがロレックスのデイトナだった。

「昔からいつかこんな腕時計をつけたいと憧れていたんです。それからはデイトナひと筋。ステンレススチールからゴールド、そのあとはホワイトゴールド、ピンクゴールド、そしてプラチナ。会社の成長に合わせるようにデイトナもランクアップしていきました。ロレックス以外にも妻用にハリー・ウィンストンやカルティエ、ブルガリも買いましたし、ロジェ・デュブイの時計も買いました。専門店時代からの担当が百

貨店に移ったので、彼を男にしてやりたいって気持ちもあったんです」

リシャール・ミルとの出合いもこの百貨店の店頭だった。最初の印象は「こんなものに、こんな金払えるか」というものだったと笑う。

「だって金でもプラチナでもないのにとんでもない価格じゃないですか。でも担当があまりにも熱心に薦めてくるから何度か見ているうちに、だんだんよく思えてきました。それで、つけてる人を見かけたら絶対に欲しくなって……。でも妻に相談したら『絶対ダメ』と。当たり前ですよね。当時団地を出て、ようやく3000万円の家を買ったばかりだったのに、今度は1800万円の時計が欲しいというのは無理がある。でもこの時計をつけたら人生が変わるような気がして、どうしても欲しいと妻を説得しました。だってこの時計、秋元康さんもつけているんだぞって。僕にとってリシャール・ミルは、単なる金銭的な成功だけでなく、冒険心を持った男の証なんです」

こうして「今まで頑張った記念に」と、佳代さんの許可を得て2015年3月に手に入れたのがRM011 ロータスF1チーム。NTPT®カーボンの300本限定モデルだ。RM35-01のナダルモデルと迷ったそうだが最終的にはこの時計を選ん

完全にリシャール·ミルの魅力にハマった藤村さんは、さらに「RM 030 ル·マン·クラシック」（写真左）も購入した。憧れの「タイガー＆ドラゴン」への道のりを着々と歩み続けている。

だ。

「それまで見たどんな時計よりもきれいだと思いました。しかもそんなにギラギラしているわけでもないし、知らない人が見たらこれがそんなに高い時計だなんて思わないじゃないですか。しょせんは自己満足なんですけど、そこがいいんです。つけ心地もいいし、自分に自信が持てる。実際、時計を替えてから会社の業績は順調です。それにこの時計をつけていると、レストランやホテルなどでの扱いが違う。なんにも言っていないのに、いきなり奥の席に通されたりするんです。そういうところもリシャール・ミルの時計の隠れた魅力だと思います」

今欲しいのは、冒頭で述べたＲＭ 51-01 タイガー＆ドラゴン。

「できれば30代のうちに手に入れたいですね。そうすればまた一段階、違う世界が見えるような気がします。もう他のブランドの時計は買わないでしょうね。残念なのは、福岡にリシャール・ミルを語り合える仲間がいないこと。あんまりたくさんいるのは困るけど、この時計の素晴らしさを語り合えるような仲間が欲しいです」

まさに自分の腕と男気でリシャール・ミルを買うところまで登りつめた藤村さん。まだ若い彼の今後が楽しみだ。

Toru Kenjo Masatoshi Kumagai Susumu Fujita

talk about
RICHARD MILLE

2015.12.1
at RICHARD MILLE GINZA

左から熊谷 正寿氏、見城 徹、藤田 晋氏

リシャール・ミルに魅了された男たちの語らい

各業界のトップリーダーとして活躍し、
数多くの腕時計を身につけてきた男たち。
そんな3人が、最終的にたどりついたのが「リシャール・ミル」。
彼らは、リシャール・ミルのいったいどこに惹かれたのだろうか?
存分に語り合ってもらった。

Text=松阿彌 靖　Photograph=岡村昌宏

リシャール・ミルとの邂逅《かいこう》 ここでしか感じられない魅力

司会：リシャール・ミル オーナーのお三方に、「僕たちは、なぜ腕時計に数千万円を注ぎ込むのか？」をテーマに大いに語っていただきたいのですが、皆さんのお付き合いは長いのですか？

見城：藤田君とは結構早くからで、15年以上の付き合いになるかな。熊谷君とももう10年以上だよね。

司会：しばしば見城さんを中心に会合を持たれているとか？

見城：いや、そんなことないですよ。藤田会だったり、熊谷会だったりに、俺が参加しているだけですよ。親しいメンバーがだいたい10人くらいかな。

1950年生まれ。慶應義塾大学卒業後、角川書店を経て、'93年幻冬舎設立。代表取締役社長に。22年間で21作のミリオンセラーを世に送りだす。

司会：そこでは、皆さんリシャール・ミルをつけているのですか？

見城：いやいや、リシャールを持ってない大金持ちもいます。俺、以前、石原慎太郎さんに言われたんだ。「お前、なんかいつもいい時計してるな。時計に金かけるヤツは馬鹿だ、1万円以内でいいんだ。時計は、きちっと正確に時を刻めればいい。1万円以上の時計を買うヤツを俺は軽蔑《けいべつ》する」って。言えないよね、「1000万円以上です」って(笑)。だから、そういう考え方の人もいるんですよ。

司会：そう言われた時、見城さんはどうお答えになったんですか？

Toru
Kenjo

美しいフォルム、そしてこの軽さ。
心がワクワクするし、得も言われぬ快感を感じる。

見城：それはちゃんとお答えしましたよ。僕が時計に求めることはそういうことだけじゃないんですよって。だから、石原さんは石原さん、僕は僕。

司会：なるほど。では、皆さんがお持ちのリシャール・ミルに対して思いの丈を語っていただこうかと思います。見城さんが、リシャール・ミルに魅入られたのは、どのくらい前からですか？

見城：5年も経ってないな、4年前くらいかな。とにかくリシャール・ミルはしていて、気分がいいんですよ。まず、軽い。そしてフォルムが美しいの。つけていて、心がワクワクする。美しいガラス（サファイアクリスタル）、しかもこの曲線ね。こんなの他のどこも出せないですよ、この輝きとカーブは。で、得も言われぬ快感を感じるわけ。だからどうしても、リシャール・ミルにひかれちゃうわけ。一番最初に「RM010」を手に入れて以降、リシャール・ミル以外はあまりつけたくないんです。俺が、そんなこと言っちゃうとまずいかもしれないんだけど（笑）。

熊谷：だって、それまでアニキ（見城）から、さんざん違う時計を薦められて、僕も違うブランドの時計をアニキと秋元（康）さんとお揃いで買ったのに、ある日を境に突然リシャール・ミルって言いだして、ず〜っと言い続けてる。リシャールの時計をしてないと、仲間入りできないんですよ。ご飯にも誘っ

「RM 010」見城が最初に手にしたリシャール・ミルのタイムピース。

てもらえない(笑)。

見城：いやいや、6人くらいでリシャールを持っている人の食事会があって、それを誰かがSNSにアップしたんですよ。それを熊谷君が「自分は呼ばれてない」って。そりゃ君、持ってないんだからさ(笑)。でも、熊谷君が普通の人と違うのはさ、「あ、買えばいいんでしょ?」って(笑)。

熊谷：でも、本当に気に入ったんですよ。その証拠に毎日してますからね。わりと近しい方が集まって、食事会でよくご一緒させていただくんですね。みんな横並びに座ってるんですけど、みんなリシャールしてて「あれ、僕だけしてない」って、思っていました。

見城：でも、君ももう〝リシャーラー〟になったから(笑)。俺らの仲間では、藤田君が一番年下で、時たまGREEの田中（良和）君が入るので、そうしたら彼が一番年下になるんだけど、田中君は携帯で時間見るから時計はいらないって人ですから。でも最近リシャールが気になってるみたいで、いつだったか、リシャールのブティックの中にいるのを見かけた(笑)。

司会：リシャールを持つことによって、皆さんの結びつきがより強くなるとか？

見城：それは…どうかな？　でも、この男（熊谷）は間違いなく(笑)。

熊谷：僕ね、事業家になって、こういう時計の取材を受けるの初めてなんですよ。そもそも僕「ゲーテ」さんにしか出てなくて。基本的に、他は全部お断りしていたんです。でもリシャールの企画だけは、さんざんアニキに「仲間に入れてくださいよ」とか言っておねだりした手前、これだけは、出ざるを得ないと思って(笑)。

腕時計への熱を揺り起こされ、毎日着用しても飽きない

見城：藤田君は、ある会議で一緒になった時に、俺が最初のリシャール・ミルをしているのをチラ見して、ソッコーその日だもん、彼がリシャール買ったのは。

藤田：ちょうど見城さんの左隣に座ってたんですよ。

「RM 035」藤田氏の愛機。見城、小山薫堂氏、松浦勝人氏らも所有。

司会：左腕が一番目に入りやすい位置にいらしたんですね。

藤田：そうなんです。それで、ここ（リシャール・ミルGINZA）に買いに来たんです。ネットで調べたらショップがあったので（笑）。その日に、この「RM035」を買いました。

熊谷：何にしろ、藤田君はそういう決断が早いですからね。投資に対しても思い切りがいい。

藤田：でも、見城さんのリコメンドは信頼できますから。

見城：こっちは本当に心をこめてリコメンドしている。それを藤田君はいつも言ってくれるんだよ。見城さんのリコメンドは信用できるって。

Susumu
Fujita

実用的でどんな服装にも合わせやすい。
高級時計特有の威圧感がないところもいいですね。

藤田：リシャールはね、本当にいいから、今は人に薦めてます。

司会：それにしても、初めてブティックに行った日に、よく「RM035」がありましたね。それは出合いですね。

藤田：そうかもしれないですね。僕は、流行りの時計を持って気分よくなりたい、というわけではなくて、完全に実用性でこれを選んだんです。どんな服にも合うし、軽いし。逆に言うと、これが万能すぎて他の時計はしないし、買わなくなりましたね。会社の経営にコミットして、結果を出して、利益を出していって、そのストレス発散みたいに、高額な時計を1本買うってことを以前はしていたのですが、そのストレス発散がなくなっちゃいましたよね。これがあればいいやって。

1973年生まれ。'98年にサイバーエージェントを設立。2000年、26歳の時に東証マザーズ上場を果たし、史上最年少の上場企業社長となった。

司会：なんとなく上がり、みたいなイメージでしょうか？

藤田：そうですね。

見城：だから、リシャールに行きついたら、もういいやって。たぶんリシャールってそういう時計なんだと思う。この人（熊谷）は、リシャールに行きつくのは一番遅かったですよ。

司会：いつ頃からですか？

熊谷：いつ頃ですかね……、今日して来てる「RM011」が3つ目なんですよ。ひとつは人にプレゼントしたんですけど、2本は自分で使ってまして。ひとつ目はいつでしたかね？

見城：1つ目はね、さっき話したリシャールオーナーでご飯を食べる会に誘われなかったので、一緒にここ（ブティック）に来て、すぐ決めたんだよ。1本目決めて、初めて買うのに「もう1本買う」とか言うから、やめろ、と。とりあえず1本にして、気に入るかどうか、ちゃんと考えてから2本目にしたらって。で、どうやら2本目だか3本目だかは、直接商品を見ないで、メールで注文入れて買ったらしいよ。

熊谷：そうなんです。1本買ってつけたら気に入ったので、カタログを送っていただきました。そしてメールで「これください」って注文送って、お店には行かなかったんです、1回も(笑)。納品

「RM 011」熊谷氏の愛用するF・マッサモデル。白ストラップも印象的。

「RM 35-01」熊谷氏が最初に手にした、ナダルモデル第4弾。

の時は持ってきていただいて。

司会：最初のモデルは何を？

ブティック担当者：ラファエル・ナダルのシグネチャーモデルの「RM 35-01」ですね。

熊谷：今はこの「RM 011」が気に入っていて、こっちばかりつけているんです。僕の時計のストーリーをちょっとだけお話させていただきますと、父がロレックス好きで、金のロレックスをつけていたんですよ。父親はずっとそれしかしてなくて、僕も大人になって、経営者になったら父と同じ時計をしようという、子供の頃からの憧れがあったんですよ。象徴的なものですよね。実際に事業を始めるようになって、僕もロレックスが好きでつけていたんですが、実は日本のロレックスユーザーのなかで、たぶん僕が一番、人にあげたんじゃないかなって思うんです。１００本まではいかないにしても、60～70本はあげたんじゃないかな。上場した時に、うちの役員全員に配ったし、いろんな方に、いろんな機会で、自分のしているロレックスだったり、新品のロレックスだったり、何十本も人にプレゼントしたんですよ。

見城：もらったことないよな。

一同：笑

熊谷：申し訳ありません(笑)。高いのは、それこそ「デイトナ」から、シンプルなステンレスの「デイトジャスト」まで。

1963年生まれ。'91年ボイスメディア(現GMOインターネット)設立。
東証一部上場企業グループであるGMOインターネットグループを率いる。

本当にたくさんあげました。数百万円のものから、数十万円のものまで。で、実は自分もロレックスにたどりついて、人にあげまくったら、時計の熱が冷めちゃって、それから10年間、時計をつけなくなってしまったんですよ。

司会：何歳くらいの頃ですか?

熊谷：40代だったかと。36歳で上場したので、そのタイミングからずっといろんな人に時計を渡してます。でも、パッと時計熱が冷めちゃって。スマホを何台か持ったりしていると、時間を確認するのに、時計が必要ない時期があったんですよ。ところがですね、見城社長とお知り合いになったら、見城社長は時計がすごくお好きで、毎日時計を

Masatoshi
Kumagai

世界で戦う男のための腕時計だと思います。
身につけるとこれしかしたくなくなるんですよ。

着替えてらっしゃる。ファッションとか、気分に合わせて。それで、時計をご一緒に買う機会がありまして、秋元さんと3人で時計を買ったりしている内に、時計に対する関心が、またフッと戻ってきたんですね。

見城：昔、ちょっとハマってた時計ブランドがあってね。そこの時計買わないと仲間になれないよ、なんて言ってね（笑）。3人で買いに行ったんだよ。その頃が懐かしいね。

熊谷：で、時計への熱が戻ってきて、リシャール・ミルをご紹介いただいたら、本当に毎日するようになったんです。

見城：このふたり本当に毎日してる。俺もそうだけど。

熊谷：本当に毎日してます。

見城：藤田君も言ってたけど、だってこれが一番実用的なんだもん。

熊谷：経営者にとって、時間ってやっぱり大事と言いますか、人が平等に持っているリソースなので、使い方に差をつけないと、競争に勝てないじゃないですか。いつも社内で言ってるんですが、ビジネスっていう言葉を〝仕事〟と和訳しちゃだめだ、ビジネスっていうのは〝戦〟だよって。そこで勝つためには、他の会社や他の経営者の方と時間の使い方を変えて、そこで差をつけるしかないなと思っているんです。そういう意味では、時計ってビジネスマンが、モノで差をつけるって意味ではなくて、時で差をつけるための、非常に重要なビジネスのツールだと思うんですよね。そこでやはり、リシャール・ミルって、スポーツ選手をはじめ、世の中で最高に戦っている人たちが身につけているじゃないですか。それと同じものを身につけるっていうのは、なんかビジネスマンとして差別化になっていいかな~、って思います。……無理やりこじつけましたけど(笑)。

高級腕時計に見えない!? 知る人ぞ知る価値ある腕時計

見城:本当に藤田君なんか、いつでもリシャール・ミルだし、リシャール・ミル以外のものは見たことない。

藤田:これともう1本しか買ってないんですよ。

司会:もう1本は、何をお求めになったんですか?

ブティック担当者:「RM029」の日本限定です。

藤田:わりとオーソドックスな印象の時計なので。

司会:リシャールのなかで、「RM035」と「RM029」のふたつを選ばれた基準はあるんですか?

藤田:やっぱ実用性ですね。軽くて、どんな服にも合い、あんまり威圧感がないところ。昔は結構高い時計で、ブリンブリンしてるのを買っていた時代もあったんですけど、威圧感があって、逆効

「RM 029 JAPAN LIMITED EDITION」藤田氏所有の20本限定モデル。

果かなと思うようになりました。あんまりにもギラギラしていて、ダイヤが入っているようなものはどうかと。

熊谷：藤田君は昔から時計好きで、一緒に旅行したこともあるんですけど、香港行った時にね、あるブランドのブティックに入って、普通のところに並んでいるものじゃなくて、1本だけ恭《うやうや》しくガラスケースに入っているのがあるじゃないですか？　何のためらいもなくポーンと買ってましたね。え～、と思って(笑)。

藤田：昔は、明らかに高そうなのしていると、飲んでる時にモテたりということがあったのですが……。それこそ15年くらい前の話です。

見城：15年くらい前って、君25、6歳じゃない！

藤田：いや、もうちょっとかな。十数年前かな。

見城：30歳前だよな。26歳で上場しているから。

藤田：僕の名前なんて、まだ誰も知らないから、自己主張のために目立つ時計をしていたのかもしれません。今はすっかり逆ですね。バレないように、バレないように(笑)。リシャール・ミルは、高く見えないのがいいんですよ。知っている人はもちろん知っているんですけれども。

見城：そうそう。知っている人はすぐわかるけれど、知らない人には高く見えない。いかにもな高級時計をして高級車で行くとね、絶対に商談その他は上手くいかない。反感を買うだけ！

熊谷：よかった、今日タクシーで来て(笑)。

見城：え、なんで？ 車はどうしたの？

熊谷：置いてきました。だって、あの車でリシャール・ミル ブティックの前にって、ねえ。

司会：ちょっとタダゴトではない感じがしますよね。

見城：でも、それが一番リシャール・ミルにふさわしいと思うんだけど。絵に描いたような光景だよ。

熊谷：面白い話があって、ある有名なシンガーの方が、ゴルフ場で練習する時に、リシャール・ミルの時計を外して

いたら、落としちゃったらしいんですよ。で、あわててフロントに行って、こんな時計なんだよって説明しても「そんな高級時計は届いておりません」と。でも、「そのような時計はないですが、G-SHOCKみたいなものなら届いております」って(笑)。

一同：笑

見城：それが、リシャール・ミル。だから、ゴルフ場の人にとってはG-SHOCKだった。

熊谷：知っている人じゃないと、わからないですよね、よさっていうのは。

見城：女性でリシャール・ミルをつけてる人は、男以上に少ないけど、ある女性がしてたわけ。で、「あ、リシャール・

見城は6本、熊谷氏、藤田氏はそれぞれ2本のリシャール・ミルを所有。

ミルだね、素敵だね」と言ったら、「そんなこと言ってくださるの、見城さんだけです。これしてても、誰もリシャール・ミルだね、なんて言ってくれません」って。だから、それがまたいいんじゃないかな。実際「それリシャール・ミルですね」とか「すごいですね」とかいう人はあんまりいない。

熊谷：本当に時計好きな方だと、気づかれると驚愕されますよね。あんまり誰かがつけてるのを見ることないじゃないですか。だから、両極ですよね、わからない人は「ふーん」で終わりですし、わかる人にはものすごく驚かれる。

見城：しないとわからないんだよな。リシャール・ミルのよさって。

司会：オーナーにならないと、わからない？

見城：いや、買わなくてもいいから、誰かのリシャール・ミルでもいいから、1回つけてみたら、やっぱりすごさに気づくよ。だから、藤田君がすごいと思うのは、会議で俺の左隣に「おっ」と思って、これがいいなと思った、その感性がすごいよ。

時間も場所も選ばない。時計界のオールラウンダー

司会：見城さんは、6本お持ちでしたっけ？

見城：そうそう。1本目で本当によさがわかった。それまでは、雑誌の写真とかで見てて「うわー、いいなー、でも高いなー。こんなの俺には縁がない

「RM 016」最近、見城がお気に入りのレクタンギュラーモデル。

な」って思っていたわけ。それが、縁あってつけてみたら、本当にこれは高くても全然いいと。意味があると。この時計は高い意味があると、よーくわかったよ。だから、しないとわからない。

司会：時計をしたまま寝ることもあるとか？

見城：ああ、寝ましたよ。一番最近手に入れた「RM016」、あれはみんな褒めてくれる。センスがいいって。でもゴールドじゃダメなのよ。チタンがいい。リシャールのなかで、一番薄いんじゃないかと思う。手に入れた時は、本当に嬉しくて、したまま寝ましたよ。軽いし、フォルムはもう素晴らしいし、美しいし、ため息が出ます。友人で元フジテレビのバラエティ部長の清水（宏泰）君も、これを見て「すごい！」と。世界中のどこかで探すといって、一所懸命やってますよ。それからスタイリストやっている人も「センスいい。これを選んで買った見城さんすごい！」って、感動してくれた。

熊谷：見せてください。すごくカッコいい！

ブティック担当者：既に生産終了モデルなのですが、最後の1本をご用意できます。

司会：なんか商談に突入しそうな勢いですね（笑）。ところで、皆さんは、お持ちのリシャール・ミルの使い分けは、どうされているんでしょうか？

見城：俺は使い分けはしないな。TPOによって変えるとかじゃないから。昨

「RM 022」見城が所有のトゥールビヨン＆デュアルタイムモデル。

日まで「RM016」をつけていたんですね。昨日まで1ヵ月間ず～っと。で、今日撮影があるっていうんで、持っているなかで一番高いのを持ってこようと思って、この「RM022」にしたの。たぶん今日から、1ヵ月くらいはこれになると思う。そういう感じ。だから、6本持っている意味ってあんまりないでしょ？ 俺は、本当は藤田君の後塵《こうじん》を拝するのは嫌だったんだけど、エイベックスの松浦（勝人）君も、小山薫堂君も持っている「RM035」も買ってしまった。

司会：藤田さんは、お持ちの2本は使い分けとかされるんですか？

藤田：僕はこればっかりですね。

見城：これしか見たことがないよ。

藤田：服装によって、たまに白をつけています。前は、服によって使い分けてたのですが、「RM035」は、スーツにもカジュアルにも合ってしまう。その意味では、時計の楽しみは少し減りましたね。

見城：熊谷君は、今日つけてる白ばっかりだよ。

熊谷：なんだろう。僕、メカが好きなんですよね。だから、1本目の「RM35-01」よりも、こっちのほうがそういうイメージが強くて、ちょっとこちらのほうが重いんですけれども、気に入ってよくつけてますね。

見城：このふたりはスーツはあまり着ないので。

熊谷：でも、スーツの時でもこれしますよ。

見城：うん、スーツでもしてるよね。でも似合ってるよ。

司会：見城さんはやはりスーツが多いですか？

見城：俺はスーツ。俺、結構時計好きで、時計くらいしかないんですよ、俺の趣味は。でも、いろいろ持っていたけど、全部惜しげもなく売りました。ま、半分くらいは人にあげましたけどね。いくつか、残してるのもあるけど。

司会：売ったものは、全部リシャールに替わったということですね。

見城：そうそう。

司会：今日つけていらっしゃる「RM02

2」とは、どんな出合いが？

見城：これはね、ある取材の時にブティックから貸してもらって。それで一日つけてたら、もう離れられなくなっちゃった。リシャール・ミル本人も言ってましたよ、「これは俺も好きなんだ。スパイダーみたいだろ！」って。

「リシャール・ミル」＝実用的なアート

司会：藤田さん、熊谷さんは、何かビジネス上で、よかったこととかありますか？

藤田：麻雀の番組に出ているると映るんですよ、時計が、カメラ越しに。牌を揃えている時とか。やっぱり、いいですよ。美しく映ってる。別に必ず勝てるわけではないですけど(笑)。2014年に麻雀最強位を取った時も、これをつけてました。

熊谷：僕は、そうですね――……、アート大好きなんですよ。会社にもたくさんアート作品を置いてるんですけど、自分に合った本物のアートに巡り合うと、以前のアートが霞んでいっちゃうんですね。並べて置いてみると、力の差ってわかるんですよ。結果的に今、ジュリアン・オピーというアーティストの作品に集中しているんですけど。時計もアートとまったく同じで、リシャール・ミルを置くと、以前の時計が霞んでいっちゃうんですよ。で、なんかそれしかしたくないような気持ちになってしまう。こう並べてみると、本当にリシャールしかしたくなくなっちゃうんです。

見城：不思議だよね。

熊谷：不思議ですね。アートと一緒って。

見城：そうね、アートに似てるかもね。実用的なアートだよ。

司会：リシャール・ミルが、起業家の方のマインドに響くっていうのは、何か理由があると思いますか?

見城：リシャール・ミルをしている起業家って、やっぱ少しセンスあるよね。そう思わない?

藤田：センスももちろんですけど、それなりにならないと買えないですけどね。

見城：それなりになってもつけてない人いるじゃん(笑)。

藤田：そういうことにお金を使うかどうか、ということですよね。

見城：面白いなって思うのは、この3人に何が共通するかっていうと、ワインが好きなんですね。で、ワインに対しては、糸目をつけないって言い方はおかしいけど、好きなワインのために働いているっていう感じがあるわけですよ。同じように、時計も好き。だから、ワイン、アート、それからリシャールの時計。で、あとはもう家しかないじゃない?

司会：ワイン、アート、リシャールが、人生を豊かにする要素になってくるわけですね?

ワイン、アート、リシャール・ミル。
3人に共通する3要素だという。

見城：本当にその三題噺は成立するよ。

司会：そこで最初の質問に戻るんですが、やはり数千万円を注ぎ込む価値があると？

見城：だから、そのために頑張って働くんですよ。頑張って働いて、こんなにお金儲けても、お金は紙切れでしょ？　何かに変えなければ。そう思うんです。

司会：いかがですか、藤田さん？

藤田：同感です（笑）。

司会：藤田さんの場合、ふたつ買って、ちょっと落ち着かれた？

藤田：「RM 035」が万能すぎますから。僕もそれまではいろいろな時計を買っていましたが、仕事だけでなく個人もつつましく、というのは僕の価値観と

は違いますね。成功してもこんなものかと夢もなくなってしまうのではないでしょうか。

司会：やっぱり、自分の何かを豊かにするためのものが必要であると？

藤田：経済活動にも参加したいし、何らかの消費は必要だと思っています。コスト管理がしっかりしていて、ちゃんと利益を出す経営者の中には「この時計にそんな原価はかかってない」ということを言う人もいます。でもそんなことを延々と言ってたら、何もできないと思います。

司会：やっぱり藤田さんも、ワインもアートも？

藤田：そうですね、ストレス発散にもなりますし。でも、仕事はきちんとやってますよ。

司会：熊谷さんはいかがですか？　ワイン、アート、リシャールには、それ相応のお金を注ぎ込む価値がある？

熊谷：注ぎ込んでるっていう意識は、あんまりないんです。昔ある方から、こういう話をお聞きしたんです。例えば、高級なクルーザーであったりとか、クルマであったりとか、それを持つために維持費のことを考えたり、持つことを「どうしようかな」と、悩むようだったら、それを持つ資格はないんだって。僕自身もクルマを新車で買ったのって、40歳近くになってからなんですよ。36歳で上場したんですけど、そこで初めて新車に乗って、それまでずっと中古車でした。やっぱり上場以前は、お金もなかったし、物を楽しむ心の余裕もなかった。で、上場以降、若干だけど収入が増えて、物を楽しむ心の余裕ができてきて、その時に自分の心の赴《おもむ》くままに、自分が好きだと思うもの、見て気持ちがいいもの、あと気持ちのよさを周りの人も一緒に共有できるアートとかワイン、そういうことにお金を使うことが、むしろ気持ちよくなって。時計の場合は、自分が見て楽しむものかもしれないですけど。あと、使う金額とかをあんまり意識しなくなりました。そういう自分になることを昔からイメージしてきたんです

「RM 27-02」ナダルモデル最新作。本人も着用。藤田氏の食指が動くか？

が、20代の頃は本当にお金がなかったんですね。傾いた家に住んでいたり、本当に苦しくて。でも、やはりそういうところから、違う世界に身を置きたいな、というのをずっとイメージしてきて、やっとまあ、僕も52歳ですけれども、近頃そういうゆとりを楽しむ心もできてきて。で、好きだと思う時計にまた関心が戻ってきて。好きだと思う時計っていうのが、このリシャール。今もつけていて本当に気持ちがいいですし。

司会：皆さん、次お買い求めになるなら、どのモデルを？

熊谷：さっきのあれ、いいですね。「RM016」。カッコいい。

司会：藤田さんはいかがですか？

藤田：う〜ん、僕は、結構手首が細いので、あんまりフェイスが大きいのは似合わないんですよ。今日してきたぐらいの大きさで、いいのがないかな、と思ってるんですけど。さっき、ここで見せてもらったナダルモデルの新作「RM 27-02」、これぴったりなんですけど、かなり話題になりそうなのがちょっと……（笑）。あまりに高価ですよね。

見城：俺と熊谷君が内緒にしとけば大丈夫だよ（笑）。

藤田：いや、素晴らしいですけど、なんかちょっとやりすぎかなと。目立たないようにしたいのに、逆効果かなと……。

熊谷氏は「RM 011」、見城は「RM 022」、藤田氏は「RM 035」を着用。

見城：いや、藤田ならいいんじゃないの？ラフな格好も多いからさ、これ使えると思うんだよね。

熊谷：藤田君がしなきゃ、他にする人いないんじゃないですかね。

藤田：いやいや（笑）。

司会：見城さん、次は何かお買い求めは？

見城：俺はいいんです。もう俺は身にすぎる。6個ですから、もういいです。そのうち、誰かがきっとプレゼントしてくれるでしょう（笑）。それを待ってます。で、プレゼントしていただく時は、選ばせていただきたいね（笑）。

RICHARD MILLE

RICHARD MILLE **NEW MODEL**

リシャール・ミル新作情報

Text＝篠田哲生

卓越した技術と精巧な表現で作り上げた究極のからくり時計

RM 19-02
トゥールビヨン
フルール

リシャール・ミル初の〝からくり仕かけ〟のトゥールビヨン。エナメル装飾で仕上げたゴールド製のマグノリアの花が、5分おきに開閉し、その内部からトゥールビヨンキャリッジが少し持ち上がるという凝った仕かけだ。時計技術の凄味と遊び心の極みを見せつける。世界限定30本。手巻き、WG×DIAケース、縦45.4×横38.3mm。¥118,600,000（税別）

耐衝撃構造の究極形は、F1マシンがアイデアソース

RM 27-02
トゥールビヨン
ラファエル・ナダル

繊細なトゥールビヨン機構を搭載しているが、ラファエル・ナダルがハードな試合中に着用しても問題ない。その理由はF1マシンのボディを参考にした〝モノコック構造〟。ケースとムーブメントが一体化しているため、究極の耐衝撃性と高剛性を実現できたのだ。世界限定50本。手巻き、TPT®クオーツ×NTPT®カーボンケース、縦47.77×横39.7mm。¥88,000,000（税別）

言葉遊びに秘められた
“紳士たちの嗜《たしな》み”

RM 69
トゥールビヨン
エロティック

時計という極めて個人的なモノにエロティックなからくりを潜ませる遊びは、古くから存在していた。それを言葉という形で表現したのがこのモデル。「オラクル」と命名された回転柱機構に扇情的な言葉が書き込まれ、8時位置のボタンを押すと文字をランダム表示。刺激的な一文を投げかける。世界限定30本。手巻き、Tiケース、縦50×横42.7mm。¥89,000,000（税別）

“死を想え”という哲学が、時計に新たな意味を加えた。

RM 26-02
トゥールビヨン
イーヴィルアイ

ネガティブな力である邪視（Evil Eye）から身を守る“護符”として生まれた。死を身近に感じ、残された時間を精いっぱい生きるという「メメント・モリ」の思想が込められ、グランフー エナメルで装飾された邪悪な目と紅蓮の炎が、時計を覆い尽くす。世界限定25本。手巻き、TZPブラックセラミックス×18KRGケース、縦48.15×横40.1mm。¥72,400,000（税別）

世界を飛び回り、遊び尽くす
ジェットセッターのための時計

RM 63-02
ワールドタイマー

24時間ディスクと24都市表示を使って、世界中の現在時刻を同時表示するワールドタイム機構を搭載。以前から使用している定番機構だが、この新作モデルは操作性にもこだわり、リュウズを回転させることで時差調整を行う。直感的に素早く操作できるため、ビジネスジェットで世界中を飛び回る人にお薦めだ。自動巻き、Tiケース、直径47mm。¥17,400,000（税別）

日常使いを意識した
日本限定のシンプルモデル

RM 029
ジャパンリミテッド

サイズにこだわり、搭載機構も中三針＋ビッグデイトのみに絞って、シンプルで使いやすいモデルに仕上げた。ミドルケースは軽量なチタン製。ベゼルにはTZPブラックセラミックスを使用し、つけ心地に優れつつ、少々手荒に扱っても傷がつく心配もない。日常用として使いたい。日本限定30本。自動巻き、縦48×横39.7mm。￥10,500,000（税別）

RICHARD MILLE's

Owner_3

Masato Yanagisawa

柳沢正人氏

リシャール・ミルの腕時計をつけて、電車の吊革につかまりながら通勤する会社員。
大企業に勤めていた彼は、自分らしい人生を追い求めることで、この腕時計を手に入れた。

 Photograph＝西川節子

自分の人生がどんなふうに変わるか楽しみだった。

リシャール・ミルのオーナーに会うと、ほとんどが会社の社長か、あるいは医師だ。価格を考えれば、当然だろう。〝普通〟の人が買える時計ではない。だが、この取材を進めていくなかで、唯一、会社員に話を聞くことができた。柳沢正人さん（仮名）だ。

「普段は、リシャール・ミルをつけた手で吊革につかまって電車通勤していますよ。新幹線の中で、1回だけ『もしかしてリシャール・ミルの時計ですか？』って聞かれたことはありますけど、それ以外に気づかれたことはないですね。会社でも誰も気づいていないですよ。スウォッチみたいな時計をつけていると思われているんじゃないかな(笑)」

週末にリシャール・ミルの銀座のブティックで出会った柳沢さんは、普段はＩＴ

RICHARD MILLE's
Owner.3
Masato Yanagisawa

系の企業に勤めているそう。見た目は、実年齢よりかなり若く見えるが、これまで出会ったオーナーと比べると、控えめな印象を受ける。

「大学を出て就職したのは、大手メーカーです。その会社はすごくいい会社だったんですが、僕はもっと自分から攻めていくような仕事をしたいと思っていました。ちょうどＩＴ産業が活気づいていたころで、面白いものが出てきたなと感じていました。そんな時、無名な外資系の会社から、その会社の日本のオフィスを立ち上げるから、そこで働かないかという話がありました。私がいた大手メーカーが農耕民族だとしたら、外資系企業は狩猟民族。僕にはこっちのほうが肌に合っていると思って、転職を決意したんです」

大手メーカーで働いていれば、一生安定した生活を送れたかもしれない。しかし柳沢さんは、自ら大企業を去り、まだ先も見えない外資系企業へと転職した。

「最初は、マンションの1室の小さなオフィスでした。あまりにも環境が変わってしまいましたが、それでも後悔はなかったですね。むしろ自分の人生がどう変わっていくか楽しみに感じていました」

新しく勤めた会社の給料は、コミッション制。つまり自分が頑張れば頑張るだけ収入が増える。会社員は会社員でも、狩猟民族的な働き方を要求されるのだ。

「大手メーカーにいたころは、年収はそれなりに良かったです。が、こちらに移ってからはリシャール・ミルが購入できるまでの年収になりました。リシャール・ミルを買う資金は、この年収からではなくて、株の運用で得た利益から出しています」


高校生のころからメカ好きでバイクを乗り回していたという柳沢さん。就職してから初めて買ったクルマは国産車。その後、ＢＭＷなどを乗り継いできた。

「今持っているのは、レンジローバー、ポルシェなど4台。自分でレースをしていたこともあるんです。あとは、カメラも好きですね。キヤノンやライカで風景やスナップを撮ったりしています」

しかし同じメカでも時計にはあまり興味はなかったという。

「大学時代にオメガのスピードマスターを買って、あとはカルティエとかティファニーとか、そんな感じ。ファッションの一部くらいにしか思っていなかったし、それほど愛着もありませんでした」

リシャール・ミルを知るきっかけになったのは、ネットサーフィン。

柳沢さんが「RM 011」の次に購入した「RM 002 V2」のチタンモデル。リシャール・ミルの原点「RM 001」のデザインを受け継ぐトゥールビヨンは、名作中の名作といえるだろう。

「アマチュアも出場できるレース『ル・マン・クラシック』のことを調べていたら、リシャール・ミルという時計ブランドがスポンサーをしているということを知ったんです。それまでまったく知らないブランドだったんですが、興味を持って調べてみたら銀座に店がある。どんな時計なんだろうと思って、フラッと寄ってみたんです」

　柳沢さんが銀座のブティックを初めて訪ねたのは、オープン翌年の２００８年。当時、リシャール・ミルは知る人ぞ知るブランド。「来客はほとんどなく、たまに来たとしても冷やかし」（リシャール・ミル関係者）という状態だった。

「ほとんど何も知らないで入ったら、とにかく高くてびっくりしました。でも店の方と話をして、ＲＭ ０１１のフェリペ・マッサのモデルを見せてもらったら、とにかくカッコよかった。これをレーシングスーツの時につけたいなと思ったんです。でも値段は当時８００万円台。それまで１００万円以上の時計を買ったことがなかったので迷いましたけど、こんな時計は他にはないだろうと思って決断しました。それまでリシャール・ミルというブランドのことはまったく知らなかったし、機械式時計にも興味はなかったけど、実物を見たら値段のぶんの価値があると思えたんです。ＲＭ ０１１を買ってからは、レースだけでなく毎日つけていました。軽いし、つけ心地もいいし、普段のスーツに合わせても違和感ないんですよ。一度、600万円くらいのA.ランゲ・アンド・ゾーネを買ったんですが、ぶつけたらどうしようと思って、ほとんど使わずに飾っていました。リシャール・ミルの時計は、実用性が高いところがいいんですよ」

こうして一気にリシャール・ミルにはまった柳沢さん。翌年には、初期の名作として名高いRM 002のチタンモデルを購入した。

「僕の場合、一度はまったらそればかりになるんですよ。靴は何年もベルルッティしか履いていません。モノとしての魅力は当然ですが、リシャール・ミルもベルルッティもブランドとしての明確なポリシーがあって、それが変わらないところがすごい。特にリシャール・ミルの場合、リシャール・ミルさんという人の生き方に共感しています。ミルさんと同じ時代に生き、彼のパッションのある生き方を見ていると、自分もそうならなきゃなと思いますし、時計をつけているだけで自分にもやれるんじゃないかと思えてくる。一度パーティで本人にお会いしましたが、とても陽気でポジティブな空気を発散していました。僕にとってリシャール・ミルの時計は、人生のお守りみたいなものなのかもしれません。リシャール・ミルをつけると幸運になると

2014年に購入した「RM 014 ペリーニ・ナヴィ」。リュウズを含め、さまざまなパーツにヨットのディテールがあしらわれたデザインは、華やかな雰囲気。

RICHARD MILLE's
Owner.3
Masato Yanagisawa

いう話がありますが、僕もそれは感じています。時計を替えてから、仕事はずっと調子がいいですね」

さらに2014年には、RM 014ペリーニ・ナヴィを購入。もはや会社員のショッピングのレベルを遥かに超えているが、リシャール・ミル効果の賜物なのだろう。

「トゥールビヨンには、それほど興味がなかったんですけど、とにかくデザインが美しかった。キラキラしたモデルが欲しいと思っていたんです。デザインはこれが一番気に入っています。僕はすっきりとしたデザインの初期のモデルが好きですね。RM 011のカーボンモデルがあれば欲しいと思っています。あとはRM 008ですかね。でもとにかく市場に出回らないから手に入らないんです」

リシャール・ミルを買ったことは、柳沢さんに思わぬ副産物をもたらしたという。

「銀座の初期のお客さんたちとは、毎月集まって食事会をしているんです。忙しくてなかなか参加できなくて残念なのですが、みんな時計が好きで、クルマが好きで、カメラが好きで、美味しいものが好き。仕事も年齢もバラバラだけど、みんなその道の第一人者ばかりなので話しているだけですごく勉強になるし、楽しい。彼らと出会えたのもリシャール・ミルのおかげです。大手メーカーにいたら、リシャール・ミルの時計を買おうなんてことも思わなかったでしょうし、刺激をくれる仲間に出会うこともなかったでしょうね」

柳沢さんにとってリシャール・ミルの時計は、ディズニーランドみたいなものだという。

「この時計には、夢がたくさん詰まっている。外から見ているだけでも魅力的ですが、その世界に入ってみると思ってもみなかった楽しさが次々と現れる。もう他の時計はつけられないですね」

サラリーマンでもリシャール・ミルを手に入れられるところまで行けるということを柳沢さんは証明した。だが彼のようにチャンスを逃さず、ここという瞬間に思い切って前に進むことは、そう簡単ではない。それができる者だけがエクストリームウォッチを腕に巻くことができるのだ。

銀座ブティックで行われた柳沢さんのインタビュー。初期からの顧客ということで店員の多くが顔なじみ。顧客本位の丁寧な接客が銀座ブティックの持ち味といえるだろう。

RICHARD MILLE's

Owner_4

Yoshihiko Kawanaka

川中義彦氏

機械の素晴らしさばかりが注目されがちなリシャール・ミルだが、そのデザインも斬新だ。

「時計はファッション」と言い切るこの若き社長もリシャール・ミルの虜になっている。

機械には興味がないからデザインで選びました。

RICHARD MILLE's
Owner_4
Yoshihiko Kawanaka

リシャール・ミルのオーナーはそれぞれに個性的だが、いつくかの共通点もある。もちろん彼らが皆成功者であることは言うまでもない。つまり、それらは成功者たちの共通点なのかもしれない。ひとつは、皆明るくポジティブだということ。群れることなく、自ら道を切り拓く人たちだということ。常識を疑い、挑み、それを打ち破ろうとする意志で動くということ。そしてどんな逆境にも負けることのないタフさを持っているということ。それは、私がフランスで会ったリシャール・ミル氏その人の印象とまったく同じものだ。

都内の高層ビルにオフィスを構える川中義彦さん（仮名・44歳）もまたそんなリシャール・ミルのオーナーに共通する資質を持った若き経営者だ。今でこそ不動産業界も活気づいてはいるが、彼がこの会社を興したのは、2008年。サブプライムローン問題やリーマンショックで、不動産市場が冷え切っていた時期。そんななか、30代で会社を立ち上げ、成長に導いた彼の手腕は、業界内で高い評価を受けている。

「不況も悪いことばかりではありません。例えば、ライバルの不動産会社がどんどんリストラを行うから、優秀な人材を採用しやすくなる。そして、その時期に安価で優良な土地や建物を買っていれば、いずれ価格は上がる。世の中が右を向いている時に、同じように右を見ていたら、チャンスはやってこない。そういう時に左を見れば、意外とチャンスに出合えたりするものだと思います」

オフィスのエントランスには、有名デザイナーが手がけたというシャンデリアが飾ってあり、ガラス張りになった社長室は、家具のひとつひとつまでこだわりが感じられる。彼の会社が手がけるマンションは、付加価値、高級感が〝売り〟だ。このオフィスを見れば、そのセンスは十分に伝わってくる。もちろんそこで働く彼もスタイリッシュ。「スーツを着ることはめったにない」そうだが、服は高級ブランド「マスターマインド・ジャパン」のオーダーメイド、靴はフランスのクリスチャン ルブタンを愛用する。

「ひとつのブランドにハマると、そればかりになりがちですね。昔から物欲はありま

川中さんが最初に購入した「RM 030」。自動巻きによるゼンマイの巻き上げをON/OFFするクラッチ機構"デクラッチャブルローター"を搭載した実用的モデル。「黒い時計を探していた」という彼の目に飛び込んできた。

RICHARD MILLE's
Owner_4
Yoshihiko Kawanaka

した。今も時間があれば買い物をしています。欲しいと思ったら買います。一番お金をつかうのは時計とクルマかな。クルマは、フェラーリのカリフォルニアとポルシェカイエン、あとはゲレンデに乗っています。あの時計が欲しい、あのクルマを買いたいという気持ちは、仕事のモチベーションになります。物欲がなくなったら、こんなに頑張れないかもしれません」

時計も20代からいろいろつけてきたという。ロレックスのエクスプローラーやデイトナ、フランク ミュラー、ウブロ、ロジェ・デュブイ……。

「時計は好きですが、機械にはほとんど興味がないので、デザインで選んでいます。基本は衝動買いです(笑)。1年に1本くらい買うペースですが、気に入ったものがあれば、年に2〜3本買うこともあります。選ぶポイントとしては、どんなファッションにも合うことと、人とかぶらないことです」

そうやって気に入って買った時計を手放さなければならないこともあるのだとか。

「会社の幹部社員が頑張ったら、自分の時計をプレゼントするんです。最近は、社員のほうから『このプロジェクトが成功したら、あの時計をもらえますか?』って聞いてくるんですよ。今まで10本以上とられたんじゃないかな(笑)。もちろん僕にとっては嬉しいことです。でもリシャール・ミルは、さすがにプレゼントできないですね。これが欲しいと言ってきた社員もいないです」

現在、川中さんが所有するリシャール・ミルは、RM030日本限定、RM055バッバ・ワトソン、RM035ラファエル・ナダル、RM011フェリペ・マッサの4本。RM055以外は、黒のトノー型。リシャール・ミルらしさが凝縮したコレクションだ。

「最初は、雑誌で見て知りました。何度か見ているうちに、実物を見てみたいと思うようになったんです。それで2年前くらい、ちょうど黒い時計が欲しいと思っている時にRM030を見て買うことにしたんです。高いとは思いましたが、ためらうほどではなかった。決め手はデザインと軽さ。周りでまだ誰も持っていなかったのもよかったです。RM035は、世界で最後の1本を手に入れられたんです。中古でもほとんど出てこないモデルですから、すごくラッキーだったと思います」

普段は、軽量のRM035、休日にはホワイトのRM055をつけていることが多いそう。最近は、周りから「もしかしてリシャール・ミルですか?」と聞かれることも増えたという。

川中さんが休日に着けることが多いという「RM 055 バッバ·ワトソン」。プロアスリートが試合中に使っていても気にならない着用感が"ウリ"だ。チタンケースにホワイトラバー加工しているため、傷や衝撃にも強い。

「そうですよって渡してあげると、『つけてみていいですか?』と。だいたいの人は、まず手に持ってその軽さに驚いて、さらにつけてみてフィット感に驚きますね。でも気づく人自体、それほど多いわけでもないし、リシャール・ミルは究極の自己満足の時計ですから。女性受けはよくないですよ。ウブロとかフランク ミュラーのほうが確実にモテますね」

2年間で4本を購入した川中さん。その総額は、フェラーリ1台分を軽く超える。ちなみにご家族には、この高価な買い物をどう説明しているのだろうか?

「全部は言ってないです。まあ、自分で頑張って買った時計なので、怒られることはないですけれど、数百万円くらいだと思っているでしょうね。もちろん『私も時計が欲しい』と言われますよ。そのたびにカルティエとかフランク ミュラーをプレゼントさせられています(笑)。でも最近は、自分も少しずつ変わってきたように感じています。昔は自分のために頑張ろうと思っていましたが、最近どんどん社員やその家族、もっといえば社会のためにできることがないか考えるようになってきました。みんなが幸せになれるようなマンションを作れないかと考えると、逆にそれが利益を生みだしたりする。不思議ですけど、世の中ってそういうものなのかもしれませんね」

シンプルさを究めた「RM 035　ラファエル・ナダル」。RM 027からトゥールビヨン機構を取り除き、マグネシウムWE54とアルミニウム2000という新しい素材を採用することで、約40gという驚異的な軽さを実現している。

精悍《せいかん》なクロノグラフモデル「RM 011 フェリペ・マッサ」のカーボンタイプもお気に入りの1本。頑張った社員に時計をプレゼントすることもあるという川中さんだが、「さすがにリシャール・ミルはあげられません（笑）」。

RICHARD MILLE's
Owner_4
Yoshihiko Kawanaka

川中さんのインタビューを終えて、もうひとつオーナーたちの共通点が思い浮かんだ。それは、誰ひとり頑張ってリシャール・ミルを買っているわけではないということ。リシャール・ミルさんを筆頭にがむしゃらな印象の人間は、ほとんどいない。皆どこか軽やかで、人生を楽しんでいる雰囲気がある。そういえば、銀座のブティックの関係者からこんな話を聞いたことがあった。

「うちの時計を買う人は、ほとんど一括払い。いちおうローンも組めるんですが、使う人はいないですね」

無理をしてでも欲しくなる時計なのだが、無理をして買う時計ではない。いつか自分にも「軽やかに」リシャール・ミルを買える日が来るのだろうか……。

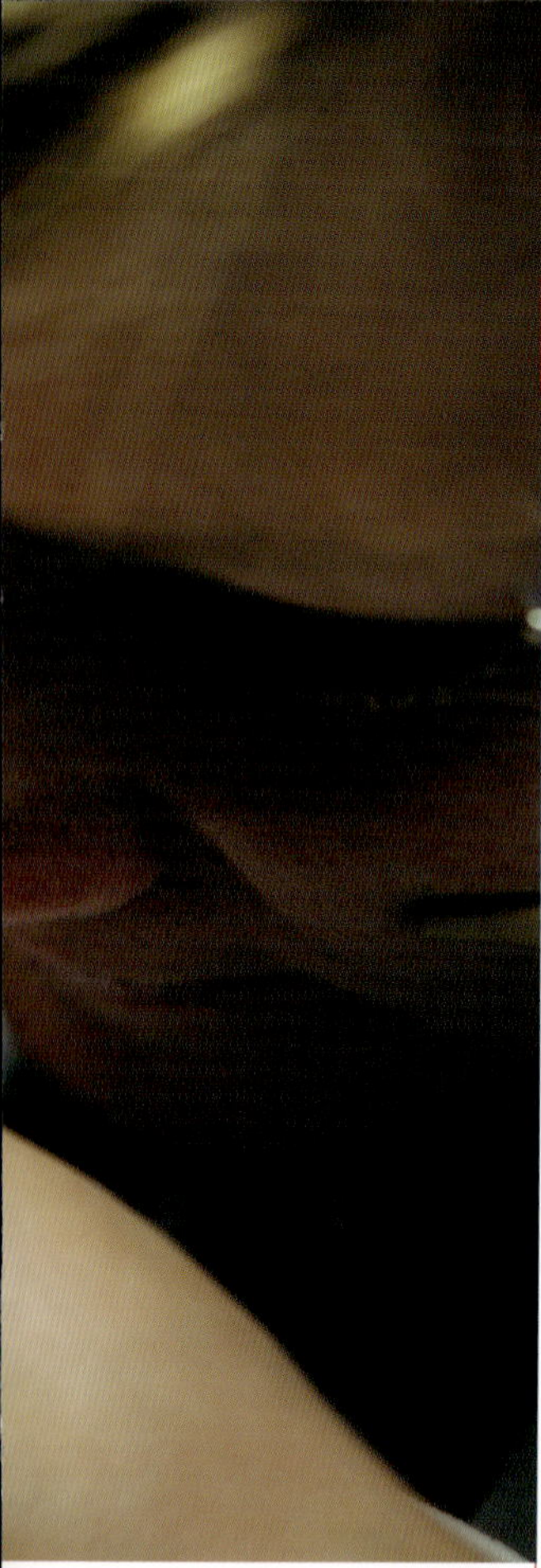

SECRET FACTORY TOUR at RICHARD MILLE

リシャール・ミル 時計作りの裏側

独創性に富んだコンセプトで、
〝高級時計産業の未来形〞を
提示し続けてきたリシャール・ミル。
その具現化の過程で、
同社は自社工房も充実。
特殊な工程の集合体である
〝秘密工房〞に潜入する。

Text＝鈴木裕之　Photograph＝三田村 優
写真提供＝クロノス日本版

　リシャール・ミルがデビューを飾った2001年当時、後に稀代のコンセプターとして名を馳せることになる彼自身と、彼の生みだす独創的なプロダクトは、スイス高級時計産業の中の異端児であった。この時期、伝統的な時計作りを貫いてきた多くの老舗ブランドと、それを擁する大資本グループは、マニュファクチュール化（生産垂直統合化、狭義には自社製のムーブメントを持つこと）に明け暮れた。19世紀の昔からスイス高級時計産業の基本構造は水平分業で成り立ってきたが、この時期の大資本は特に、多

FACTORY

くのサプライヤー（部品製造業者）を抱えこむことで、エクスクルーシビリティをいっそう強調しようと図ったのである。こうしたなかで創業当初のリシャール・ミルは、ファブレス（生産設備を持たない製造者）であることを貫いた。彼の掲げたコンセプト自体が十分にエクスクルーシブなものであったし、協力関係を結んだパートナーたちは、スイスでも屈指の一流どころばかりであった。複雑機構開発を担当したAPルノー・エ・パピ、エクスクルーシブなベースムーブメントを供給したヴォーシェ・マニュファ

オロメトリーでファイナルチェックを受けるRM 35-01。ケースはスイス・ローザンヌのノース・シン・プライ・テクノロジー社が開発したNTPT®カーボン製。ダマスカス鋼のような紋様が美しい。

クチュールやソプロード、複雑なケース製造を担ったドンツェ・ボームなど、時計愛好家にはなじみ深い名が並ぶ。しかしリシャール・ミルの生みだすコンセプトがさらに先鋭化してゆくにつれ、彼らを束ねる〝扇の要〟の重要性はさらに増

リシャール・ミルを象徴するプロダクトがトゥールビヨン。その精度の要となるキャリッジ部分。オロメトリーの中でも、トゥールビヨンの組み立てを任される時計師は、わずか4名に限られる。

していった。かくしてリシャール・ミルは、彼らとのパートナーシップを継続しつつ、2007年に最初の自社ファクトリーを構えることになる。リシャール・ミルの共同設立者であるドミニク・ゲナ氏がCEOを務めるヴァルジン（1900年創業で、特に一点物の製作が得意）とリシャール・ミルの両者で新たに設立した合弁会社「オロメトリー」だ。

　オロメトリーの創業理念のひとつに技術革新がある。ミル氏のインスピレー

スイスの厳格な環境基準である「ミネルジー・エコ」に準拠したオロメトリーの工房内。ジオテルミー（地熱）を利用した冷暖房の他、採光にも十分な配慮が施され、余計な照明は使わない。

FACTORY

ションから生まれた技術は、以前にもシフトレバーを模したファンクションセレクター（ニュートラルポジションを持つ巻き上げ、時刻合わせ機構）や可変慣性モーメントローターなどを完成させていたが、オロメトリー内に独自の研究開発部門を持つことでさらなるエクスクルーシビリティを確保することができる。コンフィデンシャルプロダクション（＝隠された製造方法）の確立は、さらなる独自性を生みだす土壌となった。

リシャール・ミルが搭載するメカニズムは、ダイヤルという概念を排してムーブメントそれ自体をビジュアル要素とすることで、他にはない個性を確立させて

リシャール・ミルのケースを組み立てる専用ドライバー。トルクスドライバーに似た形状だが、ネジも含めて完全な独自設計品である。同社の特殊性はこうした部分にも表れる。

"ムーラージュ"と呼ばれる仕上げ切削を終えたチタン製のベゼル。この後に手作業による最終仕上げを経るが、これができるのはプロアートにもひとりだけ。

特殊な切削加工を得意とするプロアートでは、ほぼリシャール・ミルの年産全数と同じ規模でケースを生産している。特殊ケースがずらりと並ぶさまは圧巻だ。

きた。しかし近年では、F1や航空宇宙産業から技術を援用した新素材のケースがキービジュアルとなることも多い。こうした新素材は、その多くが超難切削材であるばかりか、加工方法自体が確立されていないことがほとんど。素材を開発したエンジニアたちは、ラグジュアリーウォッチのケースに使われることなど想定していないのだから当然だ。こうした特殊素材のケース製造を担う、リシャール・ミルの新しい製造拠点が「プロアート・プロトタイプス」である。小規模生産を得意としてきた独立系のサプライヤーを、オロメトリー代表のゲナ氏が拡大。2013年以降はリシャール・ミル専任のケース工房として稼働を始めた。

リシャール・ミルの生産数とまったく同じ年産約3000個というキャパシティは、ケースメーカーとしては決して大きなものではないが、その分、この工房の特殊性が浮き彫りになっている。切削加工に特化した工作機械（CNCフライスなど）はかけ値なしの最新鋭で、例えば5軸CNCのスピンドルは、一般的な4万rpm（1分間に4万回転）ではなく、超高速型の5万rpmを使う。取り扱う材料が超難切削材ばかりのため、ノウハウも独特だ。例えば硬いカーボンやチタンを削りだす場合は、まるで滝のようにオイルを吹きつける。切削時のバリ（不要な削りカス）を洗い流しつつ、超高速回転するツールや母材の温度を少しでも下げるためだ。こうした特殊加工となると歩留まり率が気になるが、我々が想像するほどには悪くないとのこと。ただし

これもリシャール・ミルでしか見られない特殊な製法。通常こうしたケースは、スタンピング（冷間鍛《たん》造《ぞう》）されたブランク材から削り出されるが、同社は全切削に切り替えた。鍛造工程を省いたのは、素材に残ってしまうストレス（残留応力）の影響を嫌ってのこと。

ゴールドやスチール素材と異なり、チタンやカーボンはまだ切削ノウハウが確立されていないため、切削パスの生成など、事前調整には膨大な時間をかけるという。これが時計産業ではリシャール・ミルしか使っていない超特殊素材となれば、なおさらであろう。なおプロアートでは2014年頃に新規導入されたという接点センサーを用いてケースの仕上がりチェックを行う。通常の検査では1/100mm単位だが、同社はムーブメントパーツと同水準の1/1000mm単位でチェックするのだ。〝ほとんどすべてがプロトタイプ〟とも言えるリシャール・ミル製ケースならではの仕事である。

リシャール・ミル時計製作の3つの柱

ギミックではなくホンモノを目指した最高にコンセプチュアルな腕時計。

最高の技術革新

従来、腕時計には用いられてこなかった新素材。その長所を最大限に活かすべく、研究を重ねたうえで採用する。他業種では日進月歩の最新テクノロジーの援用は、伝統を重んじる高級時計産業に一石を投じる。

最高の芸術的構造

トラス構造などの3次元的なアプローチや、細密彫金やエナメル技法などによる伝統的なメティエダール。これらの融合による〝完璧なアーキテクチャー〟は、リシャール・ミルの視覚効果的な独自性を象徴する。

伝統的機械式時計制作の継承

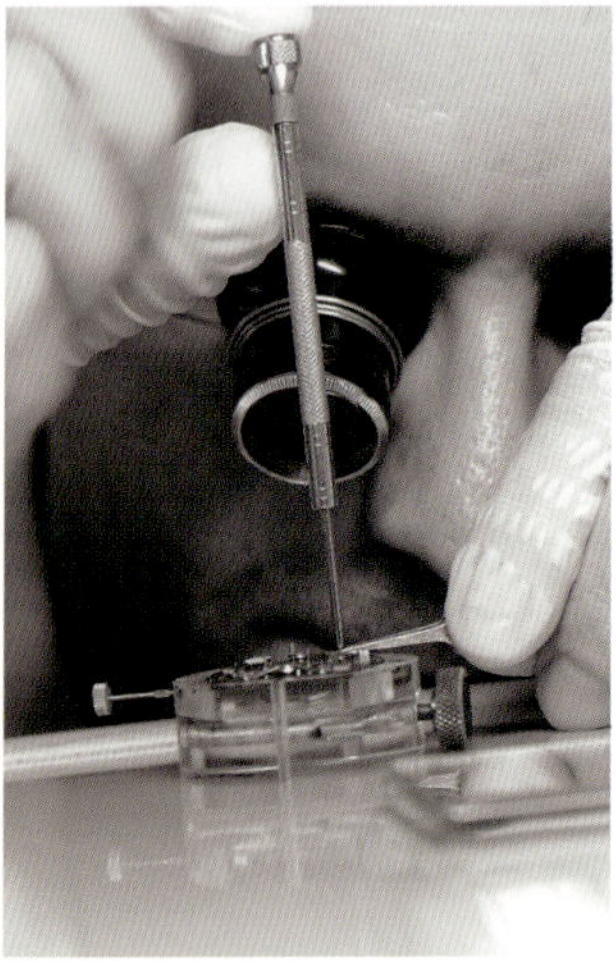

リシャール・ミルが掲げる最後の柱が〝伝統の尊重〟。上記と矛盾して聞こえるが、200年を超える機械式腕時計に独自のノウハウを欠くことはできない。これらすべての融合した完成形が、リシャール・ミルなのだ。

リシャール・ミルを織りなす10の〝超絶〟

他の高級腕時計を圧するエクストリームな存在。その〝超絶〟に迫る。

1

ファーストモデルから超コンセプチュアル

リシャール・ミルのファーストナンバーとなる「RM 001」。2001年に発表されたこのモデルの開発時、ミル氏は明確に〝既成概念の破壊〟をリクエストしたという。ダイアルという必須要素を廃し、運針のための機械装置でしかなかったムーブメント自体をビジュアル要素とする手法は、後に多くの〝模倣者〟を生んだ。

機構開発を担うパートナーシップが超一流

2

ムーブメント自体が、独創的なビジュアル装置となるリシャール・ミル。その開発の多くを手掛けたのは、APルノー・エ・パピのジュリオ・パピ氏（写真）などをはじめとする、スイスでも屈指のコンストラクターたち。言わば主役級の力量を持つ役者たちに、裏方を任せたのである。彼らを従える鍵は、ミル氏の卓抜したコンセプトワークだ。

特殊パーツの製造者は世界最高峰

3

プロアートの設立で、ほとんどの素材を自社で削り出すようになったリシャール・ミル。それでも踏み込めない分野は超一流の手に委ねる。一例はサファイアクリスタル製のケース。これを手掛けたサプライヤーは〝正真正銘の超一流〟だが、それでも新たな設備投資と膨大な研究期間を要した。リシャール・ミルの挑戦は、文字通り技術の限界を超えることを求めるという好例。

4

ムーブメントパーツも自社で製作開始

ムーブメントの設計をビジュアル要素の根幹に据えるリシャール・ミル。デザイン面だけでなく、素材もチタンやカーボンといった特殊なものも増えた。近年、プロアートではこうしたインナーパーツの製作にも着手して、さらに独創的な設計すら許容できるほどの底力を得ている。その加工精度は折り紙付きだ。

5

特殊カーボンもチタンもガンガン削る!

これこそプロアートの真骨頂! 難切削材の代名詞であるチタンやカーボンをガンガン削っていく。切削に用いる5軸CNCのスピンドル回転数は、超高速型の5万rpm。少しでもツールの発熱を抑えるために、冷却用のオイルを滝のように噴射する。こうした大迫力の光景は、ちょっと他の工房ではお目にかかれない。

ここまで進んだケースと機械の一体化

プロアートの優れた切削技術は、時計の内部構造と外装という垣根まで取り払った。写真は「RM 27-02」のベースプレート（ムーブメントの地板）兼ミドルケース。徹底的にスケルトナイズされた地板部分に必要な剛性はミドルケース自体が受け持つ。超複雑な造形だが、これもNTPT®カーボン製なのだから驚く。

7

最新の特殊素材も自社加工が一番

同じく「RM 27-02」で初めて用いられた新素材。NTPT®カーボンとTPT®クォーツを積層させた、リシャール・ミルの独自素材である。写真は加工前のブランク材だが、これを切削してゆくノウハウは、プロアートが研究を重ねたもの。リシャール・ミルの独自性は、ついに素材開発の分野にまで及ぼうとしている。

8

工作機械はもちろん最新鋭

プロアートが擁する工作機械自体は、他のケースメーカーと大差ないが、それをオペレーションするノウハウは独自のもの。もちろん最新鋭機ばかりだが、それだけでは優れた結果は得られない。特殊素材に合わせた加工前シミュレーションや、厳格な工程管理など、見えない部分の力量が、プロアートは段違いなのだ。

9

製造チェックは有り得ない厳格さ

2014年頃からプロアートが新しく導入した接点センサー。X、Y、Zの3軸測定でケースの仕上がりチェックに用いられるが、その計測精度はムーブメント並みの1/1000mm単位。写真のベゼル1枚で、約100箇所をチェックする。穴位置のチェックなどには通常の光学センサーも併用するという厳格さが特徴だ。

10

本当にブッ叩く過激なショックテスト

オロメトリー内に設けられたラボでのチェック風景。写真は4kgのハンマーを用いたショックテストの様子。約1.2mの高さから落とした衝撃をシミュレートする古典的な方法だが、同社ではショックテスト前後の歩度（精度）の差で、±30秒以内が基準値。超高価なケースでも本当に〝ブッ叩く〟のがリシャール・ミル流だ。

リシャール・ミル恒例の
チャリティ・オークションを開催

時計は、伝統と文化を重んじ、時間を分かち合うためのモノ。
だからこそリシャール・ミルはチャリティ活動に力を入れ、
未来ある若者や伝統文化を守るためのサポートを行っている。
日本では、特に東日本大震災の復興支援に力を入れている。

Text＝篠田哲生

リシャール・ミルの
パートナーも駆けつけた

2015年11月に開催されたチャリティ・オークションでは、リシャール・ミルのパートナーであるプロゴルファーのバッバ・ワトソン（右）と宮里優作も登壇。

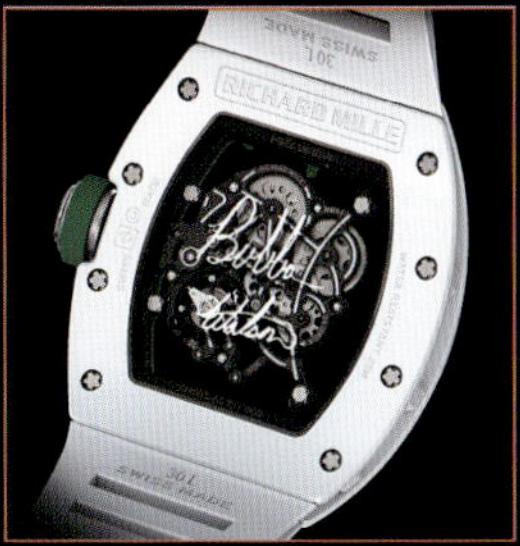

RM 055
ユニークピース

宮里優作が着用して試合に臨んでいる『RM 055』がベース。オールホワイトの洗練されたケースはそのままに、インナーベゼルとリューズのラバーをグリーンでまとめている。待ち望んでもなかなか購入できない人気モデルの一点製作ということで、大きな話題になった。

被災児童のための学習施設に寄付される

参考小売価格を大きく上回る落札価格となった「RM 055 ユニークピース」。この収益は認定NPO法人カタリバが経営している、東日本大震災被災児のために生まれた放課後の学校「コラボ・スクール」の運営に使用される。

RM 011
フェリペ・マッサ

人気F1ドライバーであり、パートナー第1号でもあるフェリペ・マッサとのパートナーシップ10周年を記念したクロノグラフ。そのシリアルナンバー 1がオークションにかけられた。12時インデックスが彼のカーナンバーである19になっており。さらにケースバックにはサインが入っている。

今は亡きドライバーへ思いを伝える

2014年のF1日本GPでクラッシュし、2015年7月に亡くなったF1ドライバー、ジュール・ビアンキの遺族へ収益を寄付。ちなみに落札価格の〝20150717〟は彼の命日。特別な思いが詰まった時計だった。

RICHARD MILLE GINZA

2007年にオープンした、国内唯一にして世界7店舗目の直営ブティック。品揃えは国内で最も豊富で、新作もいち早く展示される。ブランド哲学を熟知したスタッフによる接客も安心。
東京都中央区銀座8-4-2　☎03·5537·6688
www.richardmille.jp

RICHARD MILLE's

Owner_5

Kazumi Yonekawa

米川和美氏

眼科の名医として名高い彼もまたリシャール・ミルに魅せられた1人だ。忙しい日々を送りながら、人生を謳歌する彼の手首にはリシャール・ミルの腕時計がよく似合っていた。

 Photograph＝西川節子

RICHARD MILLE

リシャール・ミルは、未来を肯定してくれる。

リシャール・ミルの腕時計には、裏も表もスケルトンになったモデルが多い。同じように完全なガラス張りになった手術室があるという。訪れた人間は、外からそこで行われている手術を見ることができる。だから執刀医には、ほんの少しのミスも許されない。この病院の医師もまたリシャール・ミルの腕時計をこよなく愛する。

「リシャール・ミルに出合って、これこそ自分の腕時計だと思えたんです。今まで自分が腕時計を買うのは、自分が過ごしてきた過去に対する〝ご褒美〟的な意味合いが大きかった。でもリシャール・ミルの場合、未来を思わせてくれる。リシャール・ミルに励まされて、もっといろんなことをやってみたい、この腕時計が似合う男になりたい、そう思えるんです」

医師を訪ねて、北関東のある街へと出かけた。休診日ということで、病院での取材

RICHARD MILLE's
Owner_5
Kazumi
Yonekawa

となったが、病院前の駐車場にはとてつもないクルマが1台停められていた。アストンマーティンの超高級スポーツカー「ヴァンキッシュ」。早めに到着したので、クルマを眺めていたところ、病院の中から声をかけられた。

「こんにちはー」

米川和美さん（仮名・54歳）に会うのは、これで3回目だ。過去2回は、いずれもリシャール・ミルのイベントで少し話した程度だったが、明るく若々しいお医者さんという印象だった。成功者にありがちな自己主張やアクの強さは、まったく感じられない。爽やかで、控えめ。でもその目は、強い意志が宿っている。米川さんが医師を志したのは、小学生の時。6年生の時に父親がクモ膜下出血で死去。以来、医師を目指してひたすらに努力を重ねた。県内の大学を卒業後、まずは麻酔科の医師として経験を重ねた。

「大学で6年間ラグビーをやっていたので、チームで作業をするのは嫌いじゃないんです。でもチームのひとりとして仕事をしているうちに、自分の力を試してみたいという気持ちがどんどん湧いてきた。もともと手先は器用だったので、眼科が向いているんじゃないかと考えて、眼科へ転向し、大学や関連病院に勤めて腕を磨いたんです。この病院を開業したのは、35歳の時。自分にとっては、大きなチャレンジでした。おかげさまで開業してすぐに忙しくなり、19年間仕事は順調。ただ最初の10年くらいは、診察と手術以外は何もできないほど仕事に没頭していました」

病院の玄関を入ってすぐ目に飛び込んでくるのは、受付横にデカデカと張られた矢沢永吉のポスターだ。

「世代的に、高校生くらいから矢沢さんのことは好きでした。でも20代、30代と自分のことだけでいっぱいいっぱいになって音楽を楽しむ余裕がなかったんですが、ふと40代になって、あらためて矢沢さんの音楽を聞いたら、すごく染みてきたんです。高校生のころは、単にかっこいい憧れの存在だったんですが、自分なりにひとつずつ人生の階段をのぼってくると、また違う感慨がある。それで40歳過ぎてから、矢沢さんの本を読んだりしてその生き様を学び、自分と重ね合わせるようになりました」

ちなみに診療室には、矢沢永吉の等身大のタペストリーがかけられていて、その横に真っ白なスーツに身を包んだ米川さんのタペストリーもかけてある。実に微笑ましい。そんな高校生のような無邪気さを持つ米川さんに親しみを感じる。

例のガラス張りの手術室があるのは、病院の2階だ。米川さんは、毎日100人以

RICHARD MILLE's
Owner 5
Kazumi Yonekawa

上の診察を行い、週に2日は6例ずつ白内障の手術を行う。毎年550人、これまでに1万2000人以上の手術を行ってきたというからとてつもない。

「手術室をガラス張りにしたのは、みんなに安心してほしいからです。もちろん見られる側の僕やスタッフも緊張感がある。どんなに手術を重ねても、悪い意味で慣れてしまうことはありません。僕たちにとっては同じ作業であっても、患者さんにとっては、人生における大きな出来事ですから、少しのミスや手抜きも許されません」

話していると、まじめで真摯《しんし》な印象のある米川さんだが、いわゆる堅物ではない。

「父が亡くなった年齢の40歳を超えた時、ただ懸命に働くだけではなく、もっと人生を楽しめる趣味を持とうと思ったんです。それからダイビングやスノーボードを始めて、チェロやクラリネットも教わるようになりました。まさに『四十の手習い』ですが、それからとても人生が豊かになったような気がします。スポーツ、音楽、そして仕事。そのすべてが揃って、充実した日々になりました」

そんな米川さんが〝時計道楽〟にはまったのは、33歳のころだったという。

「最初に買ったのは、ロレックス サブマリーナーのステンレススチールケースの黒文字盤のモデルです。当時、50万円くらいだったかなぁ。そういう腕時計を買えるよ

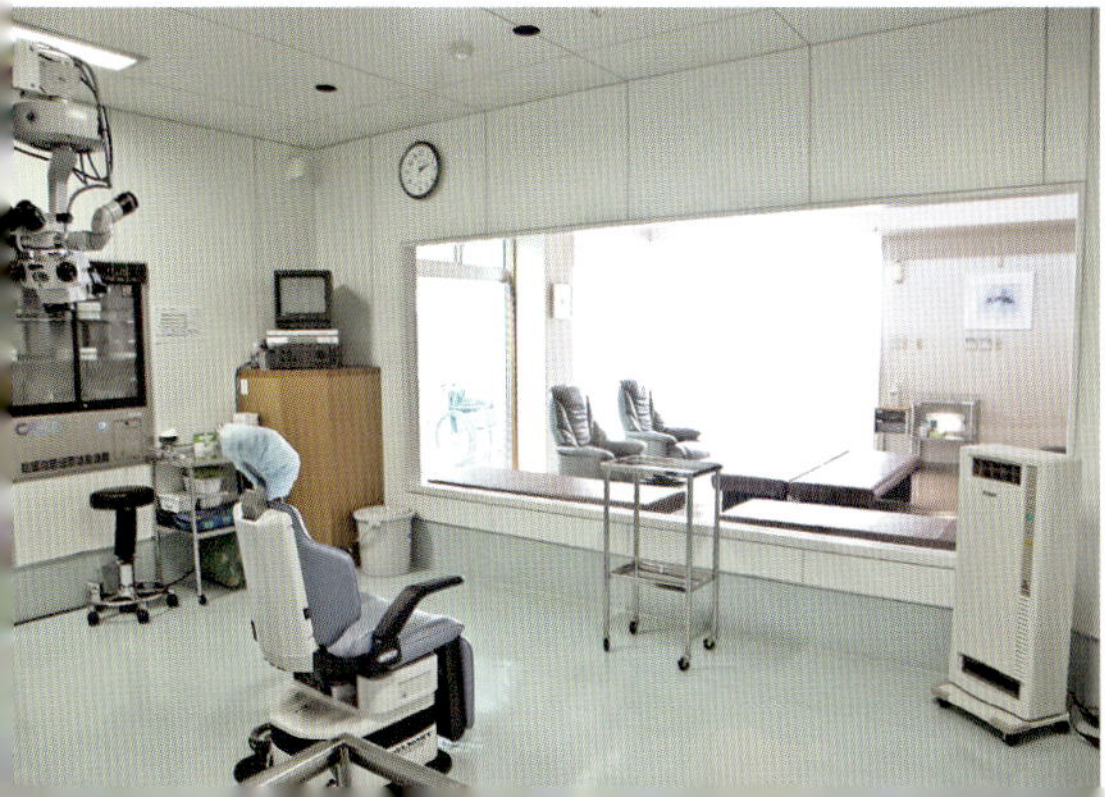

［右ページ］米川さんの愛車、アストンマーティン「ヴァンキッシュ」。咆哮《ほうこう》のようなエンジン音が耳に心地よい。［左ページ］〝スケルトン〟仕様になった手術室。米川さんの自信のあらわれといえる。

うになったことが嬉しくて、手首につけたまま寝ていました。この腕時計は、今も大切に持っています。その次は、デイトナです。年1本くらいのペースで10本以上買いました。デザインがとても気に入っていたというのもありますが、当時の僕にとってロレックスは成功の証。クルマでいえば、メルセデス・ベンツやＢＭＷを手に入れる喜びのようなものでしょうか。腕時計を買うのは、自分なりのハードルを越えた時が多いですね。自分へのご褒美という意味合いが大きい。だからこそ、それぞれに思い出と思い入れがあります。そのころ冗談のように言っていたのが『ゴールドのサブマリーナーをつけたまま、海で泳げるくらいになりたい』ということ。そこがゴールだと思っていたんですけど、その夢がかなったら他にも目がいくようになりました（笑）」

時計道楽に終わりはない。米川さんが次に気になったのは、当時ブームになり始めたウブロだった。

「ウブロは、この病院と同じようにいろいろな素材が組み合わされているところが気に入りました。そのあとは、オーデマ ピゲのロイヤル オークを買って、今度こそ最後の1本だと思っていたんです」

そんな時、偶然雑誌で目にしたのがリシャール・ミルだった。初めてリシャール・ミルの存在を知った多くの人がそうであるように、米川さんも最初は腕時計そのものよりも、その価格に驚かされたという。

「これが欲しいとか、そういうことよりも『何？　どういうこと？』と気になってしまった。僕は、何か気になることがあると、放っておくことができない。いろいろ調べてみたら、銀座に店があることがわかった。それでダイビングで八丈島に行った帰りに銀座のリシャール・ミルのブティックに寄ってみたんです。そこで見たのがＲＭ０３５ナダルモデルでした。つけさせてもらったら、あまりにも軽くて驚きました。それまで僕のなかで腕時計は、高級になればなるほど重いという常識があったんですが、それを根本から覆されました。手首にピタッと沿うようで、これまでの腕時計の感覚とまるで違う。すごいな、欲しいなとは思いましたが、値段が値段だけに現実的なこととは思えませんでした。後ろ髪をひかれるような、でも逃げるような感覚で店をあとにしたことを憶えています（笑）」

欲しい、でも買えない、あんなに高価なものを買うわけにはいかない。リシャール・ミルにとりつかれた人が通るであろう、そんな逡巡《しゅんじゅん》に米川さんも陥っていた。

［右ページ］診察室に飾られたフィギュア。まるで趣味の部屋のような内装。［左ページ］敬愛する矢沢永吉の横に、自身のタペストリーも飾っている。こういった遊び心がある病院は珍しい。

「手首につけた時の感覚がどうしても頭から離れず、ネットなどでリシャール・ミルについて調べまくり、そのモノづくりに対する妥協のなさ、常識を超えようというスピリットに共感と憧れを感じるようになっていたんです。毎回の手術は数分間でも、そのために普段から指の手入れをきちんとして、前日の夜には頭のなかで何度もシミュレーションをします。そこにはいっさい妥協はない。こんなことを言うのはおこがましいかもしれませんが、リシャール・ミルにどんどん自分を重ね合わせるようになっていました。『買えるわけがない』という思いは『いつか買いたい』になり、そのうち『縁があれば』と思うようになりました」

そんな時発表されたのがＲＭ ０２９の日本限定モデル。もともと人気の高いモデルの限定版とあって、２０１４年夏の発表当初から人気を呼んでいた。

「最初は、『見るだけでも』という思いであちこちに電話をかけて調べてみたんですが、20本限定ということで、どこにも在庫がなかった。縁がなかったんだと諦めかけていた時、神戸のカミネさんから『1本だけ入ってくる予定があります』と連絡があったんです。しかも神戸から遠路はるばる持ってきてくれるという。『つけるだけなら』、『つけてみて考えればいい』、そんなふうに自分に言い聞かせていたように思います」

それまで米川さんが買ったなかで一番高価なモデルは、オーデマ ピゲのロイヤルオーク。RM 029は、その3倍近い価格。生半可な憧れだけで越えられる壁ではない。

「自分にとって背伸びだということはわかっていましたが、実物を見たら、もう駄目でしたね(笑)。これは僕の腕時計だって思ってしまったんです。諦めかけていたものが目の前に届いたというタイミングにも、大切に運んできてくれた店員さんの真摯な姿勢にも縁を感じました。それですぐに『買わせていただきます』と言いました」

こうして2014年の12月、米川さんのもとにリシャール・ミルがやってきた。それまで毎日いろいろな腕時計をつけ替えていた米川さんだが、それからはリシャール・ミルだけをつけるようになったという。

「つけている時間も好きですが、外して見ているだけの時間も長いですね。リシャール・ミルの機械の動きは、目に見えない〝時〟を見せてくれるように思います。自分が年齢を重ねてきたからかもしれませんが、リシャール・ミルをつけるようになって、より時間を大切に感じるようになりました。腕時計からのメッセージが心の奥に

ロレックスのサブマリーナーから始まった米川さんの時計コレクションは、ウブロ、オーデマ ピゲなどを経てリシャール・ミルに行きついた。「他の時計はつけていないし、つけられなくなりました」

入ってきて、貴重な時間を無駄なく使いきりたいと思うんです。これは他の腕時計には感じなかったことです」

リシャール・ミルは、米川さんにとってステータスシンボルでもご褒美でもない。

「この腕時計には、夢やロマンが凝縮されている。過去ではなく、未来を肯定する時計。普段、誰からも腕時計のことを言われることはないのですが、学会に行った時、ある先生から『男のロマンをつけてますね』って言われたんです。その時は嬉しかったし、背筋が伸びるような気分になりました」

ＲＭ ０２９を購入してから半年後、米川さんは、ＲＭ ０５５ ジャパン・ブルー40本限定モデルもオーダーした。

「ようやく1本手に入ったら、すぐに青の限定版も出た。青も大好きな色なんですよ。『ずるいなー』って思いましたが、お願いしてしまいました(笑)」

言うまでもなく、ＲＭ ０２９も０５５も中身をすべて見ることができるスケルトンモデルだ。人生を礼賛し、未来を肯定する。そんな腕時計をつけた名医は、これからもガラス張りの手術室でたくさんの手術を手がけ、患者さんたちに文字どおり、未来を見せることだろう。

米川さんが最初に購入した「RM 029ジャパンリミテッド」。白と赤のコンビネーションが爽やかな印象。この取材の直後に注文済みだった「RM 055」が届いた。こちらはバッバ・ワトソンモデルにネイビーブルーを施し、力強く上品な印象だ。

RICHARD MILLE's

Owner_6

Hiromichi Chijima

千島博道氏

リシャール・ミルの腕時計を手にしたことで人生が変わった。そう言い切る彼だが、その腕時計をきっかけに生まれた思いがけない出会いは、思わぬ展開を見せることになる——。

 Photograph＝西川節子

リシャール・ミルが人生の新しいパスポートになった。

「リシャール・ミルは、私に新しい人生を切り拓いてくれたパスポートのような存在です。この時計に出合えたからこそ、たくさんの思い出ができました。まさか自分の人生にこんなことがあるなんて思ってもみませんでした」

1本の時計が人と人をつなぎ、そこにドラマを生みだす。こんなことが起きるのもリシャール・ミルならではだろう。中国地方で医療関係の会社を営む千島博道さん（仮名・49歳）が自らの人生に起きた〝奇跡〟を振り返る。

「学生時代は、どうしようもない放蕩《ほうとう》息子で、親から何でも買ってもらうことを当たり前だと思っていました」

会社を経営していた父は、彼が欲しいという前に買い与えるような人だったという。

RICHARD MILLE's
Owner_6
Hiromichi Chijima

若いころはすべて親に買ってもらっていたという数々の時計。自分で買えるようになってから、その本当の価値に気付くようになったと語る。「初めて自分で買った時計は、エルメスのクリッパー。リシャール・ミルほどは高くないですけど、すごく嬉しかったですね」

「初めての腕時計は、中学生のころに買ってもらった機械式のオメガです。20歳くらいの時はロレックスをつけて、ルイ・ヴィトンのバッグを持っていました。もちろん全部親が買ってきたものです。そのころは父親が僕のためにとスカイラインのGT-Rを注文していたのを勝手にフェアレディZに変えて、乗り回していました。今思うと滑稽《こっけい》な話ですが、当時はそれをおかしいと思うこともありませんでした」

そんな親頼みの人生は、大学を卒業してからも続いたという。千島さんは地元の公立病院で働き始めたが、給料だけでは贅沢な生活はできず、相変わらず親の経済力に頼る生活だった。

「ようやく『このままじゃいけない』と思ったのは、30歳を過ぎてから。いつまでも親に頼っていてはいけない。親から安心してもらえるような男になろうと思い、独立して開業することを決意したんです。ところが銀行から開業資金の1000万円を借りるのにも、信用保証協会をつけられ、そのうえで親に保証人になってもらわなければならない。自分ひとりではどれほど無力な存在なのか、思い知らされました。もうそこからは命がけです。身の丈にあった格好をしようと、ブランド品はぜんぶ封印して、服はユニクロ、時計はカシオのデジタル時計、クルマは手放してスクーターと自

転車に替えました」

　それから数年間は、365日、24時間働き続けたという千島さん。その甲斐あってか、経営は順調だった。自分でも「仕事に厳しい」という千島さんの働き詰めの日々は、10年以上続いたという。働いてばかりで、稼いだ金もつかうことがない。

「このままでは、人生があまりにも味気ないと思い、昔から憧れだったポルシェを買ったんです。911カレラSのマニュアル。それからは、クルマ道楽に火がついてしまいました」

　中古の軽自動車が中古のコンパクトカーになり、中古のBMWを経てのポルシェ911。その後、千島さんはポルシェ911GT3を購入。さらにはフェラーリのF430スクーデリアやカリフォルニアなどを乗り継ぎ、現在はフェラーリ458スペチアーレ、フェラーリ カリフォルニアT、ポルシェカイエン、さらにレクサスのIS FとLSを所有。自宅近所のシャッターつきのガレージで大切に保管している。命がけの努力は実を結び、事業は拡大、年収が1億円近くあるという現在なら、誰に恥じることもない。

「普段はエスティマに乗っています。でもこのクルマ道楽は妻には内緒なんです。ガ

自宅から歩いて3分の場所にある"秘密のガレージ"には、ポルシェカイエンやフェラーリ カリフォルニアTなどのスーパーカーが並ぶ。これだけのコレクションでありながら「クルマのことは妻には内緒です」。バレてないと思っているのは、本人だけかもしれない。

レージの存在も知らないと思います」

　自宅から歩いて3分のガレージにスーパーカーを隠していることを一緒に暮らす妻が知らないというのもすごい話だ。そうなると当然、時計のことも……。

「もちろん妻はリシャール・ミルの価格は知りません。中古で安く譲ってもらったと話しているんです」

　初めて、リシャール・ミルを知ったのは、雑誌で懐中時計を見た時だったという。

「あまりにも精巧な作りに魅せられました。でも値段を見たら、マンションを買えるくらいの値段だった。それまでフランク ミュラーやパテック フィリップ、ロジェ・デュブイなどの時計を買っていましたが、文字どおりケタがひとつ違う価格。最初は、『この時計を買うのは、どんな人なんだろう』ということしか思いませんでしたが、リシャール・ミルとモータースポーツのかかわりなどを知るうちに、『いつか自分でもつけたい』と思うようになっていました」

　そして2年後、千島さんはＲＭ ０３０のチタンモデルを手に入れる。

「高いなとは思いましたけど、手に入った喜びのほうが大きかったですね。周りは誰もリシャール・ミルのことを知らなかったけど、自分のなかでは最高の買い物をした

と思っていました。どんなファッションにも合うし、いかにも高級時計という派手さもない。そして何より、その時計が、あの奇跡の出会いを生んでくれたんです」

2012年、鈴鹿で行われたF1の日本グランプリを観に行った千島さんは、ピットエリアでドライバーのサインを貰おうと待ち構えていた。すると、通りかかったフェラーリのドライバー、フェリペ・マッサが向こうから声をかけてきたのだ。

「マッサが僕の前で立ち止まって、『いい時計つけてるね』と言ったんです。それからキャップにサインをしてくれて、あとで一緒に写真も撮ってくれました。よくリシャール・ミルをつけている人間はみんなファミリーだって言いますけど、本当にそういう時計なんですよ。それまで雲の上の存在だったF1ドライバーが一般の僕に声をかけてくれる。それはファミリーだから。これはもうフェリペ・マッサモデルを買うしかないなと思いました」

翌年、パレスホテル東京で行われたリシャール・ミルのパーティには、フェリペ・マッサも参加。このパーティに千島さんは、RM011フェリペ・マッサをつけて参加した。

「マッサに『この時計を買ったよ』と言いたい一心でした。このパーティで行われたチャリティオークションではジュール・ビアンキのレーシングスーツを落札したんです。本当はマッサのスーツが欲しかったんですが、値段が上がりすぎて無理でした。ジュールの時は、絶対に手に入れるぞという気持ちで、手を上げっぱなしにしました。70万円くらいで落札できないかなと思っていたんですが、結果はその3倍以上。でもここまで来たらドライバーに自分のことを覚えてもらおうと思って頑張りました」

千島さんの願いは、すぐにかなう。その週末、鈴鹿に行った千島さんをフェリペ・マッサがピットに案内してくれたのだ。F1のピットは、通常関係者しか入ることができない。ましてやフェラーリはトップチーム。ドライバーの招待でなければ、とても部外者が足を入れることは許されないだろう。

「それからレースまで3日間、毎日ピットに入れてくれたんです。ガードマンに止められそうになった時も周りの人が『フェリペの友達』と言って通してくれた。それ以来、マッサやジュール、ジャン・トッドの息子のニコラ・トッドと交流する機会も増え、海外のレースでピットに入れてくれたこともあります。リシャール・ミルの時計は確かに高かったけど、そのおかげでお金では手に入らないものを得ることができた。特にジュールとは、メル友のようになって、翌年の日本グランプリの時には、時間ができたら食事に行こうという約束までしていたんです」

ジュール・ビアンキは、フェラーリ・ドライバー・アカデミーを卒業し、マルシャに所属する若手ドライバー。本格デビュー2年目で入賞を果たすなど、その実力と将来性は高く評価されていて、数年後にはトップチームへの移籍が約束された存在だった。千島さんの自宅の玄関には、オークションで落札したジュールのレーシングスーツが飾ってあった。いずれそのスーツは、スタードライバーの若き日の思い出の品になるはずだった。しかしジュールの栄光の道は、２０１４年の日本グランプリで突然閉ざされることになる。

「いつものようにピットに入ってレースを観戦していたんです。台風が来ていて、天気はよくなかった。そのうち周りが騒然とし始めて、『事故があったらしい』『死んだかもしれない』という声が聞こえてきた。しかもそれがジュールのマシンだった。私は、事故の様子が映る映像を見ながら、命だけは助かってほしいと心から祈ることしかできませんでした」

一命をとりとめたジュールは、愛知県の病院に運ばれた。事故から2週間後、千島

ラウンド型の「RM 028 ダイバー」も千島さんの愛用の1本。白のストラップで清潔感がある。「時計1本で人生がこんなに変わるなんて思ってもみませんでした。もうリシャール・ミルを手放すことはできません」。

最初に購入した「RM 030」を手放して手に入れた「RM 011 フェリペ・マッサ」。この時計をマッサ本人に見せるために購入を決意。その決断が功を奏し、その後、マッサやジュール・ビアンキと友人関係を築いていく。

RICHARD MILLE's
Owner_6
Hiromichi Chijima

さんは病院に見舞いに訪れ、病院にいたジュールの家族に元気だった頃、ジュールと一緒に撮影した写真を渡したという。さらに千島さんは、リシャールミルジャパンに「ジュールのために何かできないか」と呼びかけ、チャリティのためのイベントが開催されることになった。

「リシャール・ミルがつないでくれた縁で、ありえないような経験ができた。ジュールの事故は悲しい出来事だったけど、ファミリーなら何かできることがあるんじゃないかと思ったんです。リシャールミルジャパンがすぐに動いてイベントの開催を決めてくれたのもすごく嬉しく思いました。ジュールが回復するまで頑張りたいと思います」

ジュールの訃報が届いたのは、取材を終えて1週間もたたないころだった。それでも11月に予定されていたチャリティイベントは開催。治療費に充てられるはずだったオークションの落札金は、遺族へと贈られた。

自宅玄関に飾られたジュール・ビアンキのレーシングスーツ。オークションで競り落とした時は、この2年後に悲劇的な結末が訪れることなど、誰も知るはずもなかった。

EXTREME PASSION

with family

Richard Mille ×
Yusaku Miyazato
Roberto Mancini
Rafael Nadal
Tomoka Takeuchi
Felipe Massa
Bubba Watson

 ※月刊「ゲーテ」 2015年6月号～2016年2月号「連載ページ」より抜粋。

リシャール・ミル、超絶の共鳴

リシャール・ミルとアンバサダーの関係は、
いわゆる広告塔とはまったく違う。
どのような基準で選び、
ともに歩んでいくのだろうか。

EXTREME PASSION 01

with family

Richard Mille × 宮里優作

プロゴルファー

 Text＝田村七十男 Photograph＝川口賢典 Hair & Make-up＝須賀元子

リシャール・ミルと優勝を決めたい

昨年の10月頃だったと思う。宮里優作プロの白い時計が真っ黒に日焼けした彼の腕で輝いて見えたのは。時計ひとつでこうも印象が変わるのかと感心したのをよく覚えている。

ただしその時点で時計に関するアナウンスはいっさいなし。彼とリシャール・ミルはまだ〝非公式〟な関係だった。

「真っ先に食いついたのはともにツアーを回るプロゴルファーたちでした。時計好きな選手が多いんですが誰も実物のリシャール・ミルを見たことがなかったから、すごく話題になって。優作がすごい時計をしてるぞって、すぐに知れ渡りました」

2013年最終戦の日本シリーズ。本人いわく「入る予定じゃなかった」チップインでツアー初優勝を決めた瞬間のテレビ視聴率は実に14・9%だった。大会の平均視聴率もその年

Yusaku Miyazato

1980年6月19日、沖縄県生まれ。2003年4月プロデビュー。2013年のツアー最終戦と2014年の国内開幕戦で優勝。2014年の賞金ランキングは11位。
www.yusakumiyazato.com

「RM 055 バッバ・ワトソン」は重さ93g。チタン製のミドルケースと裏蓋に高圧で吹きつけたホワイトラバーが振動を吸収。ムーブメントの保護機能に加えて、ゴルフスイングにもいっさい影響しない羽のような装着感を生みだす。縦49.9×横42.7×厚13.05mm。¥12,000,000（税別）

©AP/aflo

昨秋からリシャール・ミルをツアーに帯同。時計好きの優作プロにとっては雲の上の存在だったという。「あまりにメカが美しいので、ラウンド中もつい見とれています（笑）」

のゴルフツアー中継で最高を記録した。

おそらくゴルフファンだけが優作プロの奇跡に目を奪われたのではなかっただろう。プロになって10年以上も優勝がなかったこと。あるいは藍ちゃんのお兄さんであること。そうした情報など、もはやどうでもいいほどに、あの日の彼は多くの人を激しく引き寄せる磁力そのものだった。膝から崩れ落ち、大粒の涙をこぼした姿は今思いだしても心が震える。そのシーンは宮里優作という人間の在り様を映しだしているように見えた。

Yusaku Miyazato

リシャール・ミルが共鳴したのはまさにそこだった。

「人っていろんなものから学ぶじゃないですか。僕にとっては時計もそのひとつで、リシャール・ミルを眺めていると、気の遠くなるような作業を積み重ねてこの形にいたったんだろうなぁと感動するんです。ゴルフもまた薄皮を丁寧に貼りこんでいくような作業の連続ですから、共感を得るところが多いですね。僕が真剣勝負のラウンドでリシャール・ミルを巻かせてもらうのは、フィット感の素晴らしさはもちろん、この時計だけが持つスピリットに惹かれているから。これなしのスイングはもう考えられないですよ」

そして今年、響き合う者として優作プロはリシャール・ミルの〝公式〟なファミリーになった。勝ち癖のある時計なのだと伝えたら、彼は口元を引き締めてこう言った。

「ありがたいです。バッバ・ワトソンもリシャール・ミルと出合ってからメジャーで2勝している。僕もこの時計とともに優勝を決めたいです」

RM 055 JAPAN BLUE

インナーベゼルをオフホワイトに、ミニッツインデックスとリュウズラバーにインディゴブルーを配した「RM 055 JAPAN BLUE」。ミドルケースがブラックなのでストラップは黒も合う。40本限定。縦49.9×横42.7×厚13.05mm。¥12,500,000（税別）

Yusaku
Miyazato
この時計なしのスイングはもう考えられない

EXTREME PASSION 02

with family

Richard Mille × ロベルト・マンチーニ

サッカー指揮者

 Text＝豊福 晋 Photograph＝峯岸進治

ロベルト・マンチーニには、普通のサッカーの監督にはない独特の雰囲気が漂っている。

その容姿や立ち居振る舞い、発する言葉から、エレガンスや気品がにじみでている。

サン・シーロのベンチ前に立つ時も、記者やカメラを前にした会見場でも、プライベートでミラノの街角を歩く時も。

昨秋、マンチーニが久しぶりに再びミラノに戻りインテルの監督に就任した時にも、地元メディアは変わらない彼の優雅さ

Roberto Mancini

1964年イタリア生まれ。20年の現役生活を経て、指導者に。ラツィオやマンチェスター・シティの監督などを経て、現在はインテル・ミラノの監督を務めている（2015年5月10日現在）。


について言及していたものだ。

「私は服装や身につけるものには、自分が好きなもの、本当にいいものを選びたいと思っている。リシャール・ミルをつけるのも、私がこの時計に惹かれ、心から気に入っているからだ」

昔から時計は好きだった。これまでにもいろいろなものをつけてきたという。

「時計は私にとって欠かせないものだ。本当にいい時計を身につけるというのは、美しい靴や、素敵な車を持つことに似て

撮影に立ちあったリシャール・ミル関係者がつけていた「RM 004」を目にすると「こっちもいいな、これで撮ろう！」と提案。スカーフの通称「マンチーニ巻き」もバッチリ決まってます！

いる。それらは持つ人を幸せにし、一日を気持ちよく過ごさせてくれる。もちろん、小さい頃は時計なんて買えなかったけれど(笑)、プロになってからは、いろいろな時計に出合ってきた」

リシャール・ミル氏に初めて会ったのは、彼がマンチェスター・シティの監督を務めていた時のこと。その出会いを、彼はこう振り返る。

「リシャールのことは出会う前から知っていた。彼が創りだす時計は独特で、美しく、印象的だったから。マンチェスター・シティの試合を見にきてくれた時に初めて話したが、とても接しやすい人だという印象を持った。彼は時計という分野における天才だから、どんな人だろう

©AP/aflo

と思っていたけれど、その気さくさから、私は彼のことを半分イタリア人なんじゃないかと思っている(笑)。そんな彼の人間的な部分に惹かれたんだ」

すぐに意気投合したふたりはいろいろな話をした。時計について、サッカーについて、そして人生について。

『マンチーニ・モデル』は企画段階からアイデアを出し合い、長い時間をかけてつき詰めていったものだ。ともにひとつの時計を作る――。それはマンチーニにとって初めての経験だった。

Roberto Mancini

彼がリクエストしたのは、自身のモデルにイタリアの要素を入れることだった。

「リシャールとそのスタッフとコンセプトやデザインについて話し合い、イタリアの国旗の色、緑、白、赤の3色を入れようということになった。サッカーの試合でも使えるように、エクストラタイムも測れるようにしてもらった。時計が完成し、初めて手にした時には感動したね。ロベルト・マンチーニの名前を冠した時計、というだけでなく、制作に加わったことで、自分の時計だと感じることができた」

リシャール・ミルが時計に注ぐ熱意、それはマンチーニとサッカーの関係にも似ているものがあるという。

「彼の時計には独自のスタイル、そして人生が詰めこまれている。美しく、繊細で、シンプル。現在、世界で最も美しい時計のひとつだ。サッカーにおいても、大事なのは美しいプレイを見せて観客を楽しませることだと思う。私には哲学がある。それは仕事は楽しみながらやるべきだということだ。監督には重圧があるといわれるが、私はそうは思わない。私は選手として現役時代を楽しみ、今では監督という仕事でサッカーに関われ、将来を担う若手と一緒に仕事ができている。好きなことに愛情を注げるというのは、何よりも幸せなことなんだ」

RM 11-01 Roberto Mancini

文字盤はサッカーの試合計時を考慮し、45分ハーフのプレイ時間とロスタイムを表示する。ケースはチタン製。重さは約115g。自動巻き、フライバッククロノグラフ、アニュアルカレンダー。縦50×横42.7×厚16.15mm。

¥15,100,000（税別）

Roberto
Mancini

リシャール・ミルには独自のスタイル、そして人生が詰め込まれている

EXTREME PASSION 03

with family

Richard Mille ×
ラファエル・ナダル
プロテニスプレイヤー

 Text＝名畑政治　Photograph＝山下郁夫

7年前の出会いに始まるナダルとミル氏の物語

2015年5月、リシャール・ミルはプロテニスプレイヤーのラファエル・ナダルのための新作「RM 27-02 トゥールビヨン ラファエル・ナダル」を発表した。このモデルはレーシングカーのシャーシから着想を得たミドルケースと地板を完全に一体化したモノコック構造が特徴。だが、この時計が完成するまでには長い物語があった。

それが知られるようになったのは2010年6月6日、全仏オープン・男子シングルスでラファエル・ナダルが優勝した時だった。ナダルはこの大会でリシャール・ミルの「RM 027」を腕に全7試合を戦ったが、時計は試合中、決して動きを止めることがなかった。

ではなぜ、ナダルはリシャール・ミルを腕に戦うこととなったのか？ そのきっかけは2008年。リシャール・ミル氏

Rafael Nadal

1986年、スペイン・マヨルカ島生まれ。男子プロテニス選手。ATPツアーでシングルス65勝、ダブルス9勝、グランドスラム優勝回数歴代2位タイ記録など、多くの記録を持つ。(2015年現在)

2008年、リシャール・ミル氏がナダル選手と出会った時、ナダルは膝の故障で決して好調とはいえなかった。だが周囲の反対を押し切り、ミル氏は彼と契約。その結果が2010年の全仏優勝だった。

とナダルとの出会いにある。
「私はラファ（ナダルの愛称）と会ってすぐにうち解けましたが、ラファは『リシャールは大好きだけど、時計をつけてプレイはしないよ』と言うのです。そこで私は『とにかく時計を作るから、それを見てくれ』と言ったんです」（ミル氏）
やがて2009年7月、「RM027」の試作品が完成。ミル氏はそれを持って、イタリアにあるナダルの自宅へと向かった。

独創の素材と着想が生んだ超軽量トゥールビヨン

「私は試作品をすぐに渡さず、代わりに同行したジャン・トッド（元フェラーリF1チーム監督）が自分の時計（RM012のプラチナ・モデル）を渡したんです。ラファはそれを腕に嵌《は》め『こんな重い時計じゃプレイできない！』と叫びました。そこで『ゴメン、本当の君の時計はこれだ』と試作品を渡すと、すぐ気に入って腕に着け、ずっと腕を振っていましたよ」（ミル氏）

「これはすべて事実です。僕は時計をつけてプレイするようになってから、ずっとパーフェクトな時計を探してきました。『RM 027』の開発にはたくさんの時間がかかったでしょうが、リシャールとそのチームは素晴らしい仕事をしてくれました。そしてこれは、今まで見た時計のなかで、最も素晴らしく、まさに究極の時計です」（ナダル）

この試作品はナダル本人によるテストの過程で何度も改良を重ね、2010年全仏オープンの優勝へといたる。

Rafael Nadal

あれから5年。リシャール・ミルは、まったく新しいナダル・モデルを開発。それが「RM 27-02」。その誕生の背景には、2008年の契約以降にふたりが築いた強い絆があった。

「僕はリシャールとの関係を、とても光栄に思っています。それは単なるスポンサーではなく、本当に家族の関係。リシャール・ミルという世界のトップブランドと素晴らしい信頼関係を築けて嬉しいんです」（ナダル）

「そう、私たちは家族です。私は今でも3年前のパリのことが忘れられません。その時、私はカーレースに出るため、全仏オープンの決勝戦を見ることができませんでした。ところが私は、そのレースで事故にあってしまったんです。そうしたら、すぐにラファからメールが届いたんですよ。全仏の決勝戦の時に！　この話を聞けば、彼が本当に素晴らしい人間だとわかるでしょ？」（ミル氏）

　リシャール・ミルとラファエル・ナダルの家族同然の関係性から誕生した「RM 27-02」。ナダルは、この時計を腕に今シーズンを戦い続けていく。

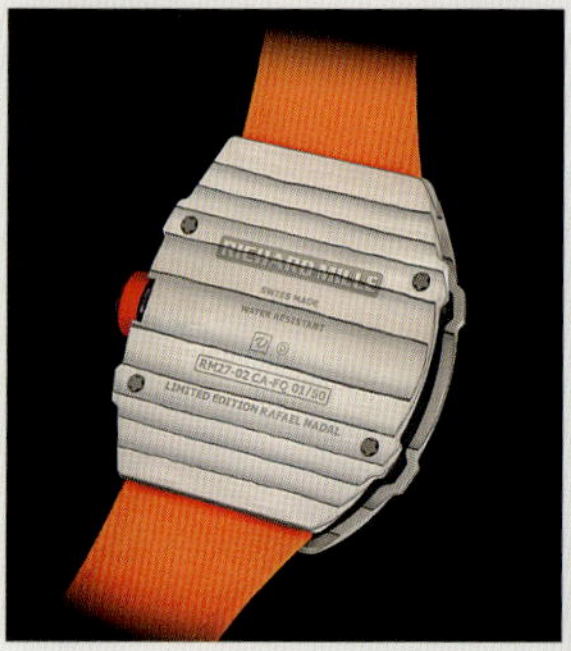

RM 27-02　TOURBILLON RAFAEL NADAL

手巻き、Cal.RM27-02、パワーリザーブ約70時間、トゥールビヨン、NTPT®カーボンケース、TPT®クオーツベゼル＆バック、縦47.77×横39.7×厚12.25mm、世界限定50本。¥88,000,000（税別）

ナダルの腕に輝く超軽量のトゥールビヨン

©ロイター／アフロ

EXTREME PASSION 04

RM family

Richard Mille × 竹内智香

プロスノーボーダー

 Text＝松阿彌 靖 Photograph＝©佐藤浩之／アフロ（写真上）、奥山栄一（P.161）

勝利を引き寄せる人やモノを信じて

2014年2月、ロシアのソチで開催された冬季五輪において、スノーボード女子パラレル大回転の銀メダリストとなった竹内智香選手。偉業達成の約3ヵ月前、彼女はリシャール・ミルのファミリーになったばかりだった。ナダルやバッバ・ワトソンをはじめ、リシャール・ミルと契約するや、勝利を手にしたことが話題となったが、竹

Tomoka Takeuchi

1983年北海道生まれ。長野オリンピックに刺激を受け、本格的にスノーボードを始める。2002年のソルトレイクから4大会連続で五輪出場を果たし、2014年のソチ五輪では銀メダルを獲得。広島ガス所属。

内選手にとっても、その時計はラッキーチャームとなった。

「勝利を引き寄せる人とかモノって、必ずあると思っているんです。チームのスタッフ選びも、ウェアでも板でも、これだったら勝たせてくれそうだなっていう感覚のあるものを選びます。この時計も、勝ちに導いてくれるひとつになっています」

実は、竹内選手は「RM007」に出会うまで、腕時計を身につける習慣はなかったという。

「朝は明るくなったな〜、と思

ったら4時頃に自然に目が覚めて、トレーニングして、夜は眠くなった8時、9時には寝るっていう、あまり時間に拘束されない生活。最初は、リシャール・ミルのこともわかっていなかったんですが、後からネットや雑誌で知るにつれ、ファミリーになるのは光栄なことなんだってわかってきて。スイスに行くと『すごいね、その時計!』って周りから言われますし。徐々に嬉しさとか、誇らしさが湧いてきました。

私には兄がふたりいるんですが、それぞれ節目で、父から時計をもらっていて、時計をつけるのは大人になることだという感覚は持っていました」

今や「RM 007」は普段から競技中まで、彼女のパートナーとなっている。

「競技の時は、インスペクション、予選、決勝まで、結構時間に追われます。今までは、コーチに時間を聞いていましたが、もう大丈夫(笑)。スタートまでは、ウェアにつけていますが、滑る時は手首につけ替えます。つけているのを忘れるほどの軽さも気に入っています」

次なる目標は、2018年の

ピョンチャン五輪。

「ジュニアの頃、努力しても結果が出ない時期が続きましたが、スイスに拠点を移し、強い選手たちと滑ったり、いい道具を使ったりして、本当に楽しい生活をしていたら、ポンと結果が出て、それまでの努力を全否定されたような気持ちになりました。この競技は、努力も必要だけど、それ以上にセンスが必要で、レースには10本滑れるだけの体力があれば大丈夫と、メダルを獲るまでは思ってきました。

ソチが終わって、次の4年に向かおうと考えた時、伸びしろ

Tomoka
Takeuchi

があるとすれば、フィジカルじゃないか？　そう思って、バランスや体幹、ウェイトトレーニングなど、今まで手をつけていなかった一番苦しいところに取り組み始めています。それが、思いのほか、ポンッて伸びそうな感触がある。

今までは、頑張り切ってしまうと、その先、選手として続けられなくなるんじゃないかと不安になることがあったんですが、そういう考えを捨てて、しっかり勝ち続けられる選手になって、自信を持ってピョンチャンのスタートラインに立ち

たいですね」

肉体的にも精神的にも、ますます逞《たくま》しさを増してきている竹内選手。次の五輪で、「RM007」をつけて表彰台の一番高い位置に立っている彼女の姿が、見えてきそうだった。

2014年9月に東京で行われたチャリティイベントで、リシャール・ミル氏と初対面。「『結果を出し続けるのは簡単ではない』という言葉が印象的。結果も求めながら、出ない場合も想定してくださって、それを続ける難しさを知っていてくれる。温かい人柄を感じました」

<

ソプロード社と共同開発した、ローター回転幅の少ないオリジナルキャリバーを搭載した「RM007」と実物の銀メダル。マカロングリーンのインデックスや、ホワイトラバーストラップが、爽やかな女性らしさを醸しだす。自動巻き、チタンケース、サイズ縦45×横31×厚10.9mm、50m防水。¥5,600,000（税別）

Tomoka
Takeuchi

勝ちに導いてくれそうだな
というモノを身につけます

EXTREME PASSION 05

with family

Richard Mille ×
フェリペ・マッサ
F1ドライバー

 Text＝松阿彌 靖　Photograph＝奥山栄一

ともに成長してきた10年を祝福して

「僕は、自分の大好きなことを仕事としている。楽しんでできない仕事は、パーフェクトとは言えない」

自身の仕事観を、自信に満ちた言葉でそう語るのは、F1ドライバー、フェリペ・マッサ。彼こそが、リシャール・ミルと最初に契約を交わした人物だ。

「まだ僕がテストドライバーの頃、マネージャーたちと雑誌で

Felipe Massa

1981年ブラジル・サンパウロ出身。2002年ザウバーから弱冠20歳でF1デビュー。'06～'13年フェラーリ、'14年以降ウィリアムズに所属。11回の優勝をはじめ、ワールドチャンピオン争いに絡むなど、輝かしい戦績を残している。

リシャール・ミルの時計を見つけ、すごいじゃないか！と、盛り上がり、こちらからパートナーシップを結べないか、とコンタクトを取ったんです。初めてお目にかかった時から、リシャールさんは、フレンドリーかつ知的で、仕事に対して熱心でした。彼も、自分の会社を立ち上げて1～2年の頃で、僕もテストドライバーでしたから、ともに成長してきたと思っています。リシャールさんとは、親密な友人関係が続いていています」

フェリペ・マッサは、リシャール・ミルのタイムピースを着用して常にF1レースに出走し、〝公認テストドライバー〟という前代未聞の方法で、その優れた耐久性を証明してみせた。そして、契約と時を同じくして発表された「RM 006」は、彼にとって忘れ難いモデルとなった。

「『RM 006』は、カーボンナノファイバーを地板に使ったモデルで、当時、世界一軽量なトゥールビヨンモデルでした。デザインはもちろん、その軽さは衝撃的。『RM 006』をつけた時、自分の世界観が完成し、勝つための準備が整ったかのような感情の高ぶりを覚えました」

当時、F1ザウバーチームで目覚ましい活躍を見せた彼は、'06年にフェラーリに移籍。トルコグランプリで初優勝に輝き、年間総合3位の好成績を挙げる。以降、まさにトップドライバーと呼ぶにふさわしい成績を残す。その手首には、常にリシャール・ミルのモデルがあった。

「レースの時はもちろんですが、普段からコーディネイトや気分に合わせて、使い分けています。航空宇宙産業で使われるアルシックという素材をケースに採用した『RM 009』、フライバッククロノを搭載した『RM 011』……。今年発表された『RM 011 フェリペ・マッサ 10thアニバーサリー』もすごく気に入っています。パートナー10周年記念というアイデアは、僕からリシャールさんに持ちかけました。ケースのカーボントップの質感も独特だし、12時位置には、僕のカーナンバーである19も入っている。スポーティなのに、スーツにも合わせられるデザインもいい」

Felipe Massa

このモデルのシリアルナンバー1は、チャリティオークションにかけられ、落札された全額が、2013年のF1日本グランプリでの事故が原因で、翌年7月に他界したドライバー、ジュール・ビアンキの遺族に手渡される。

「ジュール・ビアンキは、彼がレーシングカートに乗っている頃からよく知っていて、まるで弟のような存在。あの事故は、僕のキャリアのなかでも最悪の瞬間。彼をトリビュートする意味でも、このチャリティオークションは大きな意義がある」

そんな悲しい出来事も乗り越え、フェリペ・マッサは、さらなる高みを目指し、F1という舞台に立ち続ける。

「レースに出る以上は勝つことが絶対的な目標。今はもっと上を目指せる状態にあると考えています。そのうえで、皆さんから注目される存在として、それにふさわしい人間でありたいし、自分らしさを率直に伝えたい」

勝負の時も、それ以外の時も、リシャール・ミルのタイムピースはフェリペ・マッサのよきパートナーであり続ける。

RM 006 TOURBILLON

手巻き、Cal.RM006、パワーリザーブ約48時間、トゥールビヨン、チタンケース、カーボンナノファイバー製地板、縦45×横37.8×厚12.05mm、世界限定30本。完売。

RM 011 フェリペ・マッサ 10thアニバーサリー

フェリペ・マッサとのパートナーシップ10周年を記念した100本限定モデルのシリアルNo.1をチャリティオークションに出品。フライバッククロノグラフなどを搭載。ケースバックには彼のサイン入り。この落札金は、ジュール・ビアンキの遺族へ寄付される。縦50×横40×厚16.15mm。参考小売価格は、￥17,400,000（税別）

Felipe Massa

10年間の深い絆と、今は亡き弟のような存在に捧げて。

EXTREME PASSION 06

with family

Richard Mille × バッバ・ワトソン

プロゴルファー

 Text＝松阿彌 靖　Photograph＝川口賢典

リシャール氏自ら
オーガスタへ届けた幸運

その瞬間は、あまりにも劇的に訪れた。2012年4月8日、オーガスタ・ナショナル・ゴルフクラブ。マスターズ・トーナメント最終日を4位でスタートしたバッバ・ワトソンは、13番から4連続バーディを奪い、10アンダーで首位につけていたウエストへーゼンを捉えてホールアウト。プレーオフ1ホール目は、ともにパー。続く2ホール目。第4打のパーパットを外し、落胆するウェストヘーゼンに対し、第3打をスーパーショットでピンそば30㎝にピタリと寄せたバッバ・ワトソンは、パーパットを冷静に沈めた。彼が、マスターズの覇者というゴルフ史に名を連ねた瞬間だった。その時、彼の左手首には、リシャール・ミル「RM 038」があった。

「マスターズが始まる週の月曜日でした。リシャールさん自ら『キミの時計ができた！』と、オーガスタに届けてくれたんです」

Bubba Watson
1978年アメリカ・フロリダ州生まれ。2006年のPGAツアーデビュー当時から、身長191cmの恵まれた体格の飛ばし屋レフティとして注目を集め、'10年にツアー初優勝を果たす。'12年と'14年、マスターズで2度の優勝に輝く。これを含め、現在までPGAツアー 8勝。

去る11/9、東京で開催されたチャリティイベントで久々に再会したバッバ・ワトソン氏とリシャール・ミル氏。「リシャールさんぐらい楽しくて、エナジーに溢れ、クレバーで、新しいものを創りだすことにおいてエッジィな人はいません」とバッバ氏は語ってくれた。

350ヤード以上の飛距離を誇る、ツアーメンバー中トップクラスの"飛ばし屋"。その左手首にはリシャール・ミル「RM 038 ヴィクトリーウォッチ」が、しっかりと巻かれている。

1年ぶりに来日したバッバ・ワトソンは、インタビューに応じ、当時をそう振り返った。

「リシャールさんから、腕時計に興味があるなら、パートナーシップを結ばないかというオファーをいただいていたんです。ツアーで身につけてプレイするための軽さやサイズ、耐衝撃性、またスイングのスピードを計測できたらどうだろうかなど、ディスカッションを重ねました。色も、目立つほうがいいだろうと、ややグレーがかったホワイトに決めました。この時計を初めて目にした時、まず美しさに

Bubba Watson

目を奪われましたね。時を刻むだけでなく、エンジニアリングのレベルの高さや、アーティスティックで洗練された印象も受けました。軽さも衝撃的。プレイ中、つけている感覚がまったくない。スイングの際も手首にピタッと吸いつくよう」

まさに、この「RM038」がラッキーチャームとなって、マスターズ初優勝を引き寄せたかのようだった。さらにバッバ・ワトソンは、2014年のマスターズで2度目の優勝を手にする。この年、スイングの際の重力加速度を計測可能なGセンサ

ーを搭載した「RM 38-01 トゥールビヨン Gセンサー バッバ・ワトソン」が発表されたばかり。“神話”は再び舞い降りた。

「私の名前を冠したモデルは、どれも素晴らしい。なかでも最初に手にした『RM 038』は、これをつけてマスターズで優勝した特別なモデル。また、その勝利を記念して特別製作された『ヴィクトリーウォッチ』は世界に4本しか存在しない貴重なもの。試合前、ウェア、シューズをつけ、最後にこの時計を腕に巻くと、戦う準備が整った気持ちになります。私にとって、ゴルフは仕事ではありますが、ゴルフを楽しむことが大切です。いい成績が出ない時は、これは次へ向けての学びなのだ、と気持ちを切り替えます。リシャール・ミルさんが、次はもっと素晴らしい腕時計を作ろうと常に考えているように。この時計は、自分を成長させることの大切さを教えてくれます」

リシャール・ミル
「RM 038 ヴィクトリーウォッチ」

2012年にバッバ・ワトソンのために開発。スイングの衝撃にも耐え得るよう設計されたトゥールビヨンムーブメントを搭載。超軽量で耐久性に優れる合金、マグネシウムW54をケースに採用。マスターズ優勝者が袖を通すグリーンジャケットにちなんだインナーベゼルのグリーンと白とのコントラストも印象的。手巻き、縦48×横39.7×厚12.8mm。完売。

Bubba
Watson

幸運を導くだけでなく、
自分を成長させる大切さを教える時計

RICHARD MILLE's

Owner_7

Tatsuya Kanda

神田達也氏

日本でいちばん最初にリシャール・ミルを購入したのは、実は誰もが知る大企業のトップ。
時代の風を読むことに長けた彼は、すぐにこのブランドの持つ可能性に気づいたという。

 Photograph＝西川節子

リシャールさんと美学を共有できている気がする。

今でこそ飛ぶ鳥を落とす勢いのリシャール・ミルだが、2001年に川崎圭太社長が日本で販売しようとした当初は、時計販売店からも時計ジャーナリストからもほとんど相手にされないようなブランドだった。当時のことを川崎がこう語っている。

「まずブランドのことを知らないから関心を持ってもらえない。無理やり頼みこんで見てもらうと、みんな『面白い時計だね』とは言ってくれるけど、価格を伝えると『そんなの売れるわけない』と一笑に付されるだけでした」

日本でリシャール・ミルの販売を始めて1年間、売れたのは1本だけ。人生を賭けて、長年勤めた会社を辞めてチャレンジした川崎にとっては、さぞや不安にさいなまれる日々だったであろうと思いきや、意外とそうでもなかったようだ。

「ビジネスとしては大赤字でしたが、最初の1本を買ってくれた方のおかげで、その

RICHARD MILLE's
Owner_7
Tatsuya
Kanda

うちこの時計のよさを理解してくれる方が現れるだろうと信じられました。もし最初のお客様が別の方だったら、そんなふうには思えなかったのかもしれませんが……」

日本でリシャール・ミルを買った最初のお客様、神田達也さん（仮名・65歳）は、誰もが知る企業のトップだ。自ら立ち上げた小さな会社を、その類稀な時代を読み解くセンスと行動力で日本を代表する企業にまで育て上げた神田さん。都内にあるオフィスで会った彼は、実年齢から10歳以上は若く見えるアグレッシブな印象の人物だった。日本でも有数の資産家であることは間違いない。だが、資産がある人間の誰もがリシャール・ミルを買うわけではない。何しろ彼が最初にリシャール・ミルの時計を買った時、そのブランド名を誰も知らなかったのだから。

今でこそ数千万円という時計も珍しくなくなったが、当時は超有名ブランドの最高級の時計ですら1000万円を超えるものはほとんどなかった。いくら気に入ったとはいえ、無名の時計に2000万円近い金額を支払うのは無謀としか思えない。こちらがそう言うと、神田さんは「僕は資産を1円たりとも遺そうと思ってませんから」と豪快に笑って、リシャール・ミルとの出合いを語ってくれた。

「最初は、百貨店の外商から相談を受けたんです。こんな時計があるんですが、どう思いますか？って。まともなカタログとかもなかったんじゃないかな。彼は売るつもりはなかったみたいだけど、僕は説明を聞いて、すぐに『これ、買うわ』と言いました。向こうのほうが驚いていましたね。僕は彼に『このブランドの国内販売権を取ったほうがいいよ。そのうち爆発的に売れるようになるから』と伝えたんです。もちろんその時にはすでに川﨑さんが販売権を持っていたんですけどね。僕は〝目利き〟には、ちょっと自信があるんです」

そう言って、子供のような笑顔を見せる神田さん。当時、２０００万円という価格は気にならなかったのだろうか？

「そこがよかったんですよ。価格決定には、ふたつの方法があります。ひとつはコストを足していって、そこに自分たちの利益を上乗せして決める方法。これが一般的です。でもリシャール・ミルの場合は違う。コストや利益に関係なく、その商品から得られるメリットに対して価格を決める。この時計を買えば、２０００万円のメリットがあると買う側が判断できれば、その価格は妥当なものとなるわけです。リシャール・ミルの場合、２０００万円だからよかった。もしあれが２００万円、３００万円の時計だったら僕は買わなかったかもしれません。リシャール・ミルは、金持ちがそれを自慢するような時計ではない。これ見よがしな宝石ギラギラのデザインではないから、知らない人には5万円くらいに見えるかもしれません。むしろこの時計は、お金よりもその『モノ』が持つ『イメージ・スタイル・価値感』を重要視していることを言外にアピールできるんです。自分にとっては、そこに価値があると思えば、5万円でも2000万円でも関係ない。女性から見ても高そうに見えないから、モテることもないでしょう(笑)。価格にはあまり意味がないと思える人間だけがつけられる時計です。リシャール・ミルを知っている、その価値がわかるということが、その人のアイデンティティになり、教養や審美眼を表現してくれるわけです。そこには2000万円のメリットがあると思いませんか?」

ビジネスの世界で生き抜いてきた百戦錬磨の男だけに、その説明には説得力がある。さらに彼は、リシャール・ミルの長所を並べた。

「まず他にはない奇想天外なデザインがいい。そして頑丈で軽いという実用性。誰も知らないという希少性。あとは、僕自身がクラシックなクルマが好きなので、そのモチーフを感じられたのがよかった。リシャール・ミルは、ライフスタイルを想起させてくれるんです。これが似合う男になりたいと思わせてくれる。この時計が似合うには腹が出てたらダメだなぁとか、細い腕につけていたらカッコ悪いなとか、この時計をつけてクラシックなバイクに乗ってみたいなとか。ジーパンにTシャツで、そのTシャツからは鍛えた太い腕が出ていて、クーラーもついていないような古いフェラーリを運転している……そんな未来の自分を想像させてくれる。だからこそ、僕も暇を見つけてはジムで体を鍛えるんですよ。リシャールさんもクラシックカーが好きだから、そんな美学を共有できるんでしょうね」

リシャール・ミルにたどりつくまで、たくさんの時計を使ってきた神田さんだけに、時計については一家言持っている。

「僕が初めて機械式時計という世界があることを知ったのは、20年以上前に海外で、会社が成功した記念にと思ってフランク ミュラーの時計を買った時です。まだフランク ミュラーなんて、日本では誰も知らなかった時代。パーペチュアルカレンダーを250万円くらいで購入しました。あのころのフランク ミュラーは、デザインも素晴らしく、時計そのものに夢があったように思います。機械式時計をつけていると、時間の価値がわかる。10秒は、今の時代も100年前も1000年前も1億年前も同じ10秒。それは永遠に変わらないし、私たちはその10秒を重ねていくしかないと思わせてくれました。でも少し派手だったので、つけるのが恥ずかしくて(笑)。その時計は結婚式の時くらいしかつけませんでした」

その後は、パテック フィリップやブレゲといった王道の時計もたくさん買ったという神田さんだが……。

「いい時計だというのはわかるんだけど、どうしても飽きる。確かにパテック フィリップやブレゲは美しいし、正確だけど、その価値が確立されすぎていて、自分だけというアイデンティティにはなりえない。きちんとしすぎていて、守りに入っているイメージ。エスタブリッシュではあるけど、僕みたいなイノベーティブなタイプにとっては、物足りないんです。クルマでいえば、メルセデス・ベンツみたいなもの。いいモノだとはわかっているけど、それ以上の興味は持てないという感じかな。今の時代、時間の正確さには意味がない。僕は普段、アップルウォッチをつけることもありますが、正確さや便利さを求めるなら、スマートウォッチやクオーツで十分。そんな時代に革命を起こしたのがスウォッチというブランドだった。時計をファッションとして割り切り、『着替える』という概念を持ちこんだことで、時計がファッション=個人を表現するアイテムになった。それをラグジュアリーに極めたのがロジェ・

「RM 008」は、トゥールビヨンとスプリットセコンドクロノグラフを融合した驚異のコンプリケーションモデル。リシャール・ミルの高度な開発力と技術力を証明した初期モデルとして人気が高い1本。

デュブイでしょうね。それが新鮮に感じられて、ロジェは一時たくさん買いました」

リシャール・ミルにたどりつく前段階として、よく名前が挙がるブランドがフランク ミュラー、ウブロ、そしてロジェ・デュブイだ。神田さんに「ロジェ・デュブイは何本くらい持っているんですか?」とたずねると、しばらく考えたあとに目の前にあった2メートル四方のテーブルを指差した。

「このテーブルにズラリと並ぶくらいかな(笑)」

ちなみに現在所有するリシャール・ミルの本数は、「クルマもそうなんだけど、何台あるかとか、何本持っているかとか、数えたことないんです。海外で買った分も合わせると10本以上あるんじゃないかな」とのこと。

「リシャール・ミルなら何でもいいというわけじゃないけど、欲しいと思ったらすぐに買います。毎日いろいろなのを使いますが、一番よく使うのはナダルかな。肩が凝りやすい人間にとって、この軽さはいいですね(笑)。最初に究極の1本を作ったと思っていたのに、次々とチャレンジして新しいモノを作ってくる。しかも本数をコントロールしているから、その価値が下がることはない。リシャール・ミルは『欲しい』を作るのが本当にうまい。客に迎合せずに作りたい時計を作っているのが素晴らしい。ブランディングが見事です。こうなると、リシャール・ミルの時計が好きなのか、リシャール・ミルというブランド、リシャールさんという人物が好きなのか、よくわからなくなってくる。リシャール・ミルを応援している自分も好きなんです」

リシャール・ミル＝アイデンティティと言い切る神田さん。そんな彼だけに最近のリシャール・ミルの人気には、心配な部分もあるという。

「ここまで人気が出ると、リシャール・ミルをつけることで、自分を大きく見せようとする人間も出てくる。クルマが好きでもないくせに金があるからってフェラーリに乗る人がいるでしょ。ああいうのが一番嫌いなんです。リシャール・ミルの時計も、ちゃんとその価値を理解して、共感できる人間だけに使ってほしいと思います」

本質を見抜き、本音で語る。1時間も話していると、彼が自信を持って無名のリシャール・ミルを買ったということがよく伝わってきた。当時の川崎もその事実に大いに励まされたことだろう。彼のような厳しい審美眼を持った顧客＝ファミリーこそ、ブランドの財産だ。ファミリーといい関係を築き、刺激を与え合って、リシャール・ミルはここまで成長してきたのだろう。

「これも持ってるな、こっちも買ったな」とコレクションを振り返る神田さん。「リシャール・ミルは圧倒的に高いからいいんだよ。絶対に安いモデルを作っちゃダメ」と言い切る。

RICHARD MILLE's

Owner_8

Kenji Tsukamoto

塚本賢治氏

「とんでもない勢いでリシャール·ミルを買っている人がいるらしい」。そんな噂を聞いて大阪に行ってみると、驚愕のリシャール·ミルとスーパーカーのコレクターに出会った。

 Photograph＝鞍留清隆

昔は、機械式時計の価値をまったく信用していなかった。

リシャール・ミルは、パーツのひとつひとつにいたるまで、いっさいの妥協をせず完璧なものを追い求める。その工程はまるでF1マシンのそれのようであることから、「時計のフォーミュラ・ワン」と呼ばれている。もちろんそこには、自らレースを主催するリシャール・ミル氏本人のアイデンティティが投影されていることはいうまでもない。その「時計のフォーミュラ・ワン」に、自動車業界に生きる人間が惹かれるのは、必然といっていいだろう。

「僕がリシャール・ミルの時計を買うのは、機械そのものよりもその哲学に共感しているからというのが一番大きな理由です。時計というよりリシャール・ミルというブランド、リシャール・ミルさんという人にお金を出しているという感覚に近いかもしれません」

関西で自動車の販売業を営む塚本賢治さん（48歳・仮名）もまた、リシャール・ミルに魅せられたひとりだ。彼の愛車遍歴はすさまじい。メルセデス・ベンツＡＭＧ、フェラーリ、ベントレー、ポルシェ、レクサス、さらにロールス・ロイス、ランボルギーニ……。いくら実家がクルマ屋で、その仕事を継いだとはいえ、これだけのクルマを所有する人間は、そうそういないだろう。

さらに塚本さんの場合、乗って、売るだけでは事足りず、レースにも参戦している。関西の会社を訪ねると、さまざまな高級車と並んでレーシングカーの整備も行われていた。実は彼は、日本のレース業界では、知らない人がいないほどの有名人だ。某大企業のトップも、レースのこととなると塚本さんに相談に来るのだという。

「若い頃は、時計よりもクルマとサーフィンに夢中でした。時計にあまり興味がなかったというのもありますが、機械式時計の価値を信用していなかったんですよ。いくらゴールドだプラチナだっていったって、溶かして売ったら大した量じゃないでしょ(笑)。機械式といったって、結局は工場で作っているゼンマイや歯車を組み合わせているだけ。それならクルマも同じだし、クルマのテクノロジーはどんどん進化している。そういうことを考えると、時計に何百万円も払うというのがどうしても納得できなかったんです」

クルマが好きな人間が機械式時計を好むのは、当然のように思える。しかし若き日の塚本さんのようにクルマに金を遣うのは惜しくないが、機械式時計に金を払うのはためらうという人も少なくない。確かにクルマには、「移動手段」という明確な存在理由がある。クルマを手に入れることで、自らの行動範囲は一気に広くなるし、それを同乗者と共有することもできる。

一方、現代における機械式時計は、自己満足のための道具でしかない。正確な時間を知るためなら、スマートフォンで十分だ。町のいたるところに時計はあるし、機械式時計よりも安価なクオーツやデジタルの時計のほうが精度は高い。時計業界では、今の10代、20代の若者の〝時計離れ〟を問題視する人たちもいるが、それも無理のない話だ。機械式時計は、もはや実用品ではなく芸術品に近いと、個人的には思っている。

とはいえ、塚本さんは40代。「あまり興味はない」といっても、まだ腕時計が男のアイデンティティの一部だった時代に青春を送った世代だ。

「大学を卒業した時に、親から就職祝いにロレックスのデイトジャストをもらって、

［左］塚本さんが最初に手に入れた「RM 011 フライバック クロノグラフ フェリペ・マッサ」スパ・クラシック。他店舗でキープされていたものがリリースされたもの。
［右］「RM 029 ジャパンリミテッド」は最初に購入を決めたモデル。手に入ったのは2番目。

それからはデイトナとかサブマリーナーとかロレックスばかり使っていましたね。こだわっていたわけではないのですが、仕事でも遊びでも違和感なく使えるから気に入っていました。そのあとは、仕事の縁があってフランク ミュラーを11〜12本買いました。あとはウブロも買ってましたね。でもリシャール・ミルに出合うまでは、一番高いものでも400万円くらい。時計にそれ以上の金額は出せないと思っていました」

そんな塚本さんがリシャール・ミルに興味を持ったのは、2015年になってから。きっかけは、知り合いがつけているのを見たことだった。

「雑誌とかで見て、リシャール・ミルというブランドがあることは知っていましたが、あまりピンとこなかったんです。僕は手首が細いから、あまり大きい時計は好きじゃない。リシャール・ミルをつけたら弁当箱みたいに見えるんじゃないかなと思っていました(笑)。でも知り合いのを借りて少しつけてみたら、意外としっくりきた。よく見てみると、すごくキレイだし今まで見てきたどんな時計よりも存在感があった。それからネットでいろいろ調べてみたら、リシャールさんもレースをやっていることがわかり、自分との共通点を感じたんです。ただ時計に1000万円は出せない

究極の軽さが気に入ってつけることが多い「RM 35-01 ラファエル・ナダル」。ベルトをベルクロに変えてフィット感を高め、「つけているのを忘れるくらい」体の一部と化している。

RICHARD MILLE's
Owner 8
Kenji
Tsukamoto

と思っていました。僕のなかでは、クルマに置き換えると1億円以上というイメージ。なかなか手を出せる金額ではない。でもとりあえず一度見に行ってみようかなと」

リシャール・ミルほど、写真と実物の印象が異なる時計は珍しい。リシャール・ミルの魅力は、デザインやスペックだけでなく、立体感、質感、装着感など、写真では表現できないものが多いからだ。雑誌の写真では興味を持てなかったが、実物を見たら……という塚本さんのようなユーザーは少なくない。

「実物を見てみようと大阪の販売店に行ってみたら、『在庫がない』と言われました。どれも希少モデルなので、欲しいと思ってもなかなか手に入らない。そうなると逆にどんどん欲しくなるじゃないですか。ようやく在庫が見つかって最初に買ったのは、RM 029のジャパンリミテッドでした。でもそれが届くのを待っているうちに、今度はRM 011のスパ・クラシックが1本だけ残っていると連絡が入った。別の販売店でキープされていたものがリリースされたらしいんです。スパ・クラシックは、ベルギーで開催されるクラシックカーのイベント。これは縁があると思って、買うことにしました」

とりあえず1本のつもりが、いきなり2本。続けざまに多額の出費となったが、塚本さんにとって、それは幸運でしかなかった。

「サーキットでつけていて、これほどかっこいい時計はありません。レース業界には時計好きの人もたくさんいますが、リシャール・ミルをつけている人はなかなかいない。レース場で『やっぱり塚本さんはリシャール・ミルですか』といわれた時は嬉しかったですね。先日は、他の時計ブランドのイベントにつけていったら、周りの客が見にきて、どこのイベントかわからないくらい(笑)。僕もそうだったけど、実物を見る機会が少ないから、つけている人間がいたら気になるんでしょうね」

そこからは、RM 028、RM 030、RM 35-01と、毎月のようにリシャール・ミルを購入。わずか数ヶ月で7本のリシャール・ミル コレクションができあがった。

リシャール・ミルを買ってから何か変化があったかを尋ねると、「つけているだけで自信を与えてくれる時計だと思います。僕は何でも究極のものが好き。リシャール・ミルは、パーツのひとつひとつまでこだわった究極の時計でありながら、軽くてつけ心地がいいし、デザインも意外とオーソドックス。クルマも時計も使ってなんぼ。飾っているのはまったく意味がない。リシャール・ミルは、特別な時計なのに日常で

これだけ一気に集めた塚本さんでもどうしても手に入らないのが「RM 002」(右)や「RM 003」(左)などの初期の名作。リシャール・ミルの原点ともいえるストイックな雰囲気。世界中のファンが探し求めていて、ヴィンテージ市場にもほとんど出てくることはない。

気がねなく使えるから、どんどん愛着も湧いてくるんです」

目の前にズラリと並んだリシャール・ミルの時計。銀座のブティックでもそうそうお目にかかれないラインナップだ。その総額は、軽く億を超える。「時計にはあまり興味がない」と思っていた人間が半年でここまでになるとは。リシャール・ミル、恐るべしである。

「普段は、軽いからナダルをつけていることが多いですね。ベルトをベルクロにしてフィット感を高めると、ほとんど時計をつけているという感覚はありません。赤を買ったら黒が欲しくなり、黒を買ったら白が欲しくなる。キリがないですよ。もう他のブランドの時計は買えません。最近は、他の国の限定モデルをチェックして、何かいいものがないか探しています。まず市場に出回りませんが、デビューした頃のトゥールビヨンモデル、RM002とか003が欲しいですね。その頃からリシャール・ミルを知っていたらと思うと残念でなりません。リシャール・ミルがもっと手に入りやすくなると嬉しいけど、今まで通り、たくさん作ってほしくない。ファンとして、そのあたりは複雑ですね」

塚本さんの年収は2～3億円あるそうだが、奥様は、この塚本さんの時計への出費

をどう考えているのだろうか？

「彼女は、『もっとキラキラしているほうがいい』とまったく価値をわかってくれません。だから値段は明かしていませんし、中古で安く買ったとか、適当に説明しています(笑)。でも先日、僕の時計をつけさせたらあまりのつけ心地のよさに、『私も欲しい』と言いだして困っているんです」

そう言いながら、とても嬉しそうな塚本さん。まだまだリシャール・ミルへの愛は収まりそうにない。

愛車のボンネットに並べられたリシャール·ミルのコレクション。わずか半年余りの間に集められたものだ。ラウンドモデルの「RM 028ダイバー」は、色違いを2本まとめて購入した。

Afterword

あとがき

「リシャール・ミルを買った方々を取材させてほしい」

ジャーナリストの川上康介氏からそんな依頼があったとき、私はすぐに返事ができませんでした。リシャール・ミルのオーナーは、それぞれの場所で輝きを放っている方々です。彼らと話すのはとても楽しいし、刺激的です。そしてなによりリシャール・ミルの時計、ブランドに対して深い理解と愛情を持ってくださっていることは、私がいちばん理解しているつもりです。もしそんな本が出せるのであれば、私も読んでみたいと思いました。

しかしリシャールミルジャパンの社長として、オーナーの方の個人情報にかかわるような取材を許可するわけにはいきません。熟考の末、川上氏には、一度お断りしました。それでもしばらくは、この企画のことが頭から離れませんでした。顧客のなかには、私以上にリシャール・ミルや機械式腕時計に詳しい方も少なくなく、学ばせていただくことも多々あります。彼らの話を世に届けることは、リシャール・ミルというブランドを正しく理解してもらう最良の道なのかもしれない。そう考え、何人かのオーナーに相談をしてみたところ、ほとんどの方が「名前が出ないならいいですよ」と快諾してくださったのです。

リシャール・ミルの素晴らしさというのは、どうしても誰かに伝えたくなるのです。2002年、初めてリシャール・ミルの腕時計に出合ってから、私がやってきたのは、まさにその作業です。「買ってほしい」というより「分かってほしい」。ともにこの腕時計の素晴らしさを語り合える仲間を求めてきたように思います。オーナーの方々もリシャール・ミルのファミリーです。この腕時計の魅力、1本の時計に注がれたリシャールさんという人間の情熱をきっと多くの人に伝えたいはず。私は、そう考え、改めて企画にゴーサインを出すことにしました。

この3、4年、私はリシャール・ミルの腕時計をひとつの芸術として考えるようになってきました。ブランドの核となっているのは、「最高の技術革新」、「最高の芸術的構造」、そして「伝統的機械式腕時計制作の継承」という3つの原点です。当初は、最新の素材を用いたり、革新的な機械を発明したりという〝技術革新〟の面ばかりがクローズアップされていました。しかしブランドの歴史も15年を超え、最近はそこに芸術的な美しさが加わってきたように感じるのです。たとえばピカソの絵やモーツァルトの音楽のように、もしかすると数百年後には、リシャール・ミルの時計が芸術として扱われているのではないかと思うのです。

2001年以来、リシャール・ミルが開発した時計には、とてつもないものがいくつもあります。たとえば、2005年に発表したRM 009は、人工衛星などに使われるアルシック（アルミニウム・シリシウム・カーボン合金）を採用した超軽量トゥールビヨンです。2006年のRM 012では、地板の代わりにパイプを用いたトラス構造を採用することで安定性と耐久性の高いトゥールビヨンを開発しました。2013年のRM 27-01 ラファエル・ナダルは、ワイヤーで地板を浮かせることで驚異的な耐衝撃性を獲得しました。そしてそれらはすべて見事なバランスで美しく構成されています。恐らく100年後、200年後の人たちが見ても驚くのではないでしょうか。
技術としての革新性、そして完璧ともいえる美しさ、さらにその腕時計には、リシャールさんという人間の深遠なる哲学が隠されています。毎日のようにリシャール・ミルの腕時計を見ている私ですら、まだリシャール・ミルのすべてを知ることはできません。ある日突然、腕時計を見ながら、そこに秘められていたリシャールさんの意図に気付かされることがあります。その感覚は、名画や名曲に感じるものととても似ています。天才だけが持つ感覚をほんの少しだけ共有できたように思えるのです。

リシャールさんに将来のことを尋ねると、「先のことなんて、わからないよ。でも楽しいことは間違いないだろうね」と言います。このブランドがこのあとどうなるかは、誰にも分かりません。私は、いまやるべきことをやっていくだけ。それは、会社を大きくするとか、売上を伸ばす、顧客を増やすといったことではありません。私にできることは、ファミリーであるオーナーの方々をがっかりさせないようにブランドの価値を守っていくことです。新しいファミリーが増えるのは嬉しいことです。でもそれよりもまずは、いまのファミリーに常に満足を提供したい。それは私に課せられた義務だと考えています。

この本でオーナーの方々の思いに触れ、励まされたような気持ちになりました。リシャール・ミルが「クラシック」と呼ばれる日まで、このブランドの価値、天才が生み出した芸術的な腕時計の価値をしっかりと伝え、守っていきたいと思います。

リシャールミルジャパン代表取締役　川﨑圭太

僕たちは、なぜ腕時計に数千万円を注《つ》ぎ込むのか？

成功者にしか知りえない、超高級時計の世界

GENTOSHA

2016年2月10日　第1刷発行

著　者　川上康介

発行人　見城　徹

発行所　株式会社　幻冬舎
〒151-0051
東京都渋谷区千駄ヶ谷4-9-7

電　話　03（5411）6211（編集）
03（5411）6222（営業）

振　替　00120-8-767643

印刷·製本所　図書印刷株式会社

Printed in Japan ISBN978-4-344-02884-5　C0095

幻冬舎ホームページアドレス
http://www.gentosha.co.jp/
この本に関するご意見・ご感想をメールでお寄せいただく場合は、
comment@gentosha.co.jpまで。